博物之旅

发现最美的鸟

〔英〕马克·凯茨比　约翰·古尔德等　著

薛晓源　主编

童孝华等　译

商務印書館 创于1897 The Commercial Press

2016年·北京

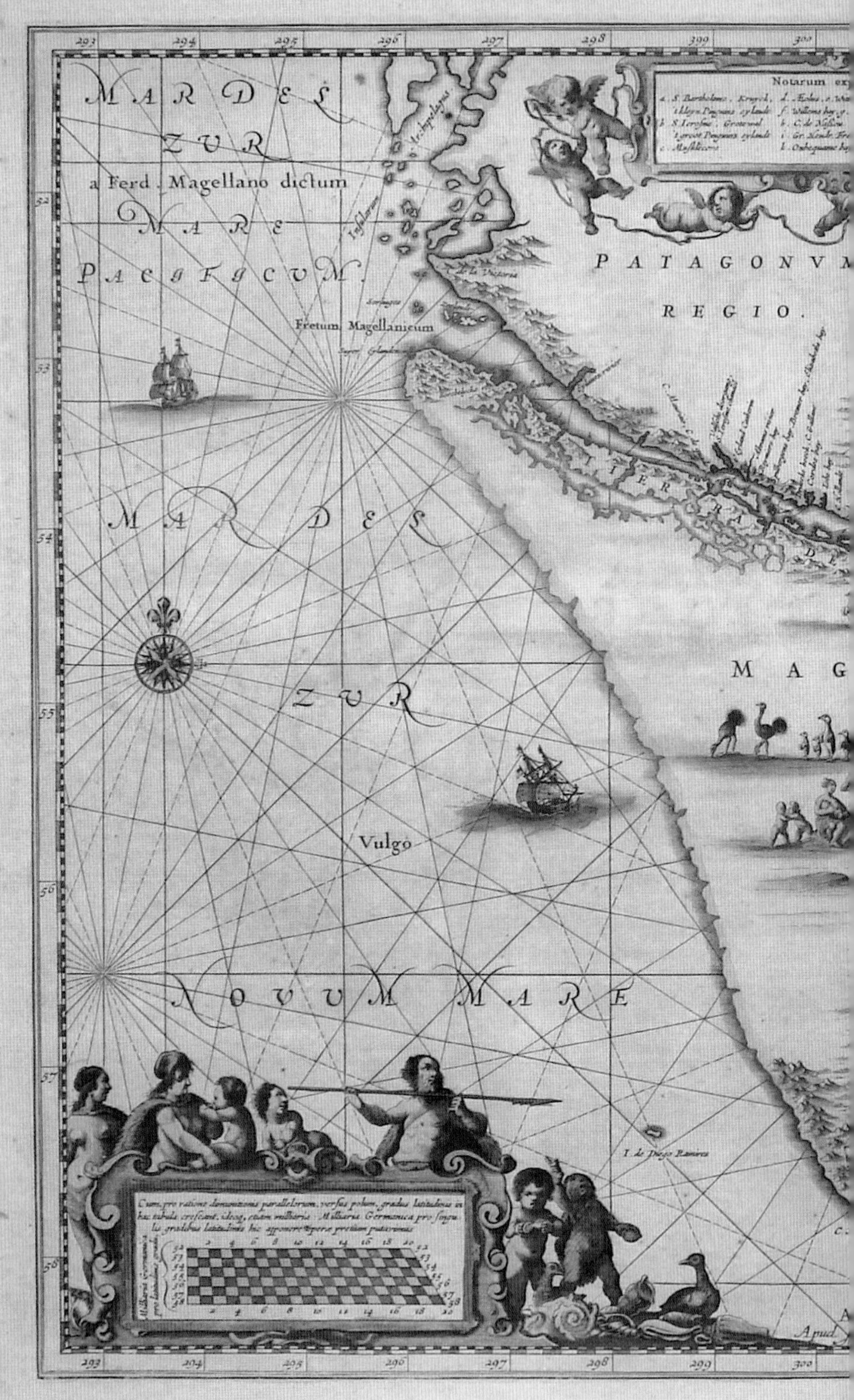
MAR DEL ZUR
a Ferd. Magellano dictum
MARE PACIFICUM
Archipelagus
Fretum Magellanicum
PATAGONUM
REGIO.
MAR DEL ZUR
Vulgo
NOVUM MARE
MAG
I. de Diego Ramirez
Notarum ex

火地岛地图，Janssonius Magellanica 1657 年绘制

目　录

小猎犬号行驶在狭窄的麦哲伦海峡

[序一]天地有大美而不言

刘华杰(北京大学哲学系教授)

雪片晃动着斜插在车灯的光影中。早晨六点四十分，天还没亮，我提着行李在育新花园北门费劲地认出预订的出租车，赶往机场。这是2015年深秋之后第一场雪，准确说是雨夹雪。北京的雪美极了。每次下雪，对北京市民来说就如节日到来一般，许多人孩子似的要摸一把雪，要在雪上踩几个脚印儿，在数字化弥漫世界之际也会不停地用手机拍照。近些年北京下雪少之又少，远不如我读大学那会儿多。

雪有什么用，对远郊的农民当然意义重大，对闹市区的居民，则无实际用处。相反，下雪必堵车，出行因而颇费劲，但市民似乎能忍受，想必是对这稀少的雪的到来心存感激。感激什么？感激雪花让大家一起回到了童年，赤子之心毕现。

雪是美的，山是美的，鸟是美的，虫子是美的。按照一种新兴的环境美学观念，“自然全美”，即大自然无处不美。说全美，并不是讲其中没有丑的方面，而是强调，只要我们主体想发现美，就能在任何自然物中的各个层面、各个时间演进序列中找到美。若干人工物或许也有此特性，但比起大自然，要差得多。人工物因仓促而就(相比于自然演化而言)，沉积的智慧与美丽就欠缺得多。人工物远不如自然物层次丰富、结构精致。

我们赞美大自然，并非认定自然美是纯客观的，完全归结于大自然本身。那是一种讲不通的老旧美学观。审美终究是在主体与客体组成的系统中完成的，那么美便是系统的一种特性，无法彻底还原为系统中某个部分。对于发现、欣赏自然美，主体与客体同样重要。在简化的意义上可以假定自然全美，而人类主体有为大自然立法，有赏评、把玩、开发甚至毁坏大自然的潜在能力。教化的目的是引导本能，导向符合环境伦理的可持续生存。

大自然的正常运行，是我们人类存续的必要条件，地球被视为盖娅(Gaia)即地母。地球这样的星球在整个宇宙中算不了什么，这个“暗淡蓝点”(可参见萨根的同名著作)完全可以忽略不计，但对于我们，它是唯一，它是全部。整个宇宙，是个界定不清的抽象概念；银河系、太阳系，小多了，但对绝大多数人依然是模糊的。大地，却是清晰可感的。须臾离开大地，我们就有不安全感。有人策划了“火星一号”之类可疑的星际移民计划，也有知名物理学家忽悠300年后地球人不得不移民太空。不管其中有多少高科技、有多少人相信，反正我不信。根据我对达尔文演化论的理解，放弃家园地球，移民太空，只是个神话，目前是，在相当长时间的未来也是。

为什么要格外看重达尔文的演化理论？因为它是一项重要的博物学（natural history）成就。博物学构成当今自然科学四大传统之一，是普通百姓千百年来实际依靠的基础性学问，是科技之外人们借以感受、了解、利用外部世界的一种不可替代的古老方式方法。博物学依然是一种独特的way of knowing（致知方式）。近现代科学只有300来年的历史，而博物学的历史在千年万年的数量级之上。有位后现代者说“时间不是没有重量的”，仿此也可以说得怪异些：“时间凝结着智慧。”民谚说“姜还是老的辣”“不听老人言吃亏在眼前”。

时代、时尚都在变化。在尚小装嫩的年代，“倚老卖老”已不合时宜。如今博物学在科学界并不吃香，与主流科技相比，它是表面化、肤浅的象征，甚至有些孩子气。科学界的博物类科学在如今强调还原与力量的氛围下，也被日益边缘化。想在自然科学界为博物学争得空间、地位，难之又难，也不是我们的任务。

博物学过去、现在都不是自然科学的真子集，将来更是不可能。在当代科学日益抛弃博物学的现实面前，我们基于科学哲学、现象学、科学编史学、生态文明等多个角度的思考，义无反顾地选择了博物学，想把它恢复，想让百姓重新熟悉它、操练它。

博物学是什么？有什么本质？我们反对动不动就“本质主义”地理解某个概念。科学有什么本质？自古以来，科学一直在变化，不同地方的科学也有自己的一些特点，很难概括出几条不凡的、完全不变的本质来。博物学也如此。博物学更强调多样性，亚里士多德、特奥弗拉斯特、张华、约翰·雷、徐霞客、格斯纳、怀特、郑樵、华莱士、达尔文、迈尔、洛克、威尔逊的博物学有共性，差别也非常大。A. 威尔逊、E.H. 威尔逊、E.O. 威尔逊是同姓知名博物学家，所做的博物学也有巨大差异。其实过去博物学什么样，只有参考意义，学者可以不断研究、描写、建构。重要的是，博物学将来什么样？

博物学的未来取决于我们的信念和行动。博物学在相当长时间内，将延续传统，不断吸收人类各方面的成果（自然会包括来自科技界的成果），侧重于宏观层面感受、观察、记录、探究大自然，在个体与群体层面努力建立起与大自然的良好对话关系，求得天人系统的可持续生存。

普通百姓操作博物学，目的是什么？回答是：“好在！”即好好活着，快乐、幸福、美美地活着，同时减少对大自然的伤害。

商务印书馆以出版“高大上”人文社科著作为广大读者所熟悉，如今又集合力量特别关注博物类图书的出版，这是十分喜人的动作。其实，出版博物类图书，在商务印书馆也有悠久的历史，只是后来一段时间内有所变化。现在馆内上下以坚定的决心出版引进和原创版博物学图书，对其他出版社也是一种示范、引领。

没有书，人们也能博物，但书的作用是显然的。中国当下博物学著作极为匮乏，既需要了解其他国家走过的道路、丰富的博物学文化而大规模引进域外作品，也亟需一批反映本土特征、适合本地人使用的博物学著作。“多识于鸟兽草木之名”是普通公民进入博物天地的不二法门。多识，可以打听、琢磨、亲自实践，借鉴他人的经验、成果也是必要的。

培养博物爱好，可能需要一天，也可能需要一世。通常急不得，“慢”在博物学中有着与“快”同等甚至更高的价值。“静为躁君”，暗示的便是可以慢慢来，长远看，慢变量支配快变量（哈肯协同学的术语）。

博物过程的收获，行动者自己最清楚，重要的是自己和自己比，没必要跟别人比。

“杨柳依依，雨雪霏霏”，是《诗经》中优美的句子，欣赏、体验它，需要心境、需要学习。此时，机场广播通知：因天气原因，航班延误。何时登机还不确定。

我得喝杯咖啡去。祝愿大家用好心情读商务的博物书，收获快乐！

2015 年 11 月 6 日于首都国际机场

[序二] 天边云锦谁采撷

——博物学的美学之旅

薛晓源（中央编译局研究员）

一、我的博物学著作收藏

我的博物学书籍收藏大约始于10年前。2005年初夏，我在美国洛杉矶刚开完“马克思主义与生态文明”国际研讨会，就兴冲冲到纽约老书店去欣赏购买我向往已久的插图本旧书。我对图书持有一个基本的信念，就是真正的图书应是图文并茂，图与文的关系就像孔夫子所说的言与文的关系，“言而无文，行之不远”。在国外只要是遇到有插图的图书我就兴奋，要是遇到精美的插图版图书，我就要情不自禁去购买，哪怕是阮囊羞涩；要是遇到精美且中意的画册，更是像中了彩票一样，会令我狂喜不已。我妻子戏说我有“图像崇拜”的倾向，没办法，谁让天下万物之美聚集在图书之中了呢？我从德国留学归来，带了10箱书回来，算起来有500多册，基本上都是精美插图版图书。

当我在纽约旧书店快意畅游之时，一本奥杜邦的《北美的四足兽》映入眼帘。奥杜邦的绘画我神往已久，今日遇到真是名不虚传，书中动物种类奇特，很多动物闻所未闻，画面生动活泼，栩栩如生。久久沉浸其中，不知不觉，时光流逝一个多小时。直到书店老板操着悦耳的纽约腔，问我是否购买时，我才从“美的历程”中苏醒过来，快意付了账。抱着一大摞图书，幸福地走在川流不息的大街上，仿佛是捡了一个大漏，淘到了一块晶莹碧透的玉石。这是我第一本博物学著作的“藏品”。其后经常去国外开会和参加书展，只要有机会，我总是去旧书店淘书，尤其关注博物学图书。奥杜邦、古尔德、胡克、威尔逊渐渐耳熟能详，他们精美的作品和著作长久占据着我的书架，成为我在进行哲学运思和绘画创作之际，经常浏览和参考的佳作。

2012年春节前夕，我到商务印书馆去购买现象学书籍，无意之间看到《发现之旅》，封面是大博物画家迪贝维尔绘制的绿色鹦鹉，神态逼真、毫发毕现、动姿绰约、栩栩如生；

贾丁编著《博物学家图书馆》之《鸽子卷》英文版扉页

里面插图更是俯拾皆是、精美异常。惊喜之下欣然购入，回途车上就迫不及待阅读了起来，在“美的历险”之中，恍然间发现这本书似曾相识。原来我曾经在国外买过这本书的英文版，只是装帧设计、开本及用纸与手中书有很大的差异。中文版出版者和设计者匠心独运，把一本铜版纸印制8开异形本画册，脱胎升级为纯质纸版、手感重量适中的“书感”极强的图书。这一成功改造的先例，使我意识到西方博物学300多年的历史向中国读者正式拉开了大幕。那些曾在王室宫廷、贵族富人之中争相传阅的精美的博物绘画也可以走向寻常百姓，真令人有“旧时王谢堂前燕，飞入寻常百姓家”之感叹！

此后不久，我去英国参加伦敦国际书展，抽时间参观了英国自然博物馆，不仅看到了无数的动植物标本，也看到神往已久的博物绘画，无数美的图像纷至沓来，真让人有“一日看尽长安花”的快感！最让我怦然心动的是，在伦敦一家著名旧书店中，我发现了心仪已久的英国鸟类学大师古尔德的代表作《新几内亚和邻近巴布亚群岛的鸟类》(*The Birds of New Guinea and the Adjacent Papuan Islands*)一书。虽是第一版的复制版，距离今天也有60年历史。店员殷勤地推销说，虽然是复制版，但是复制效果很好，基本上和原版一模一样，接近完美，价格是第一版的百分之一。我询问了价格，他说全套书(5卷)需要5000英镑，约合人民币5万元。 我仔细浏览这令我向往已久的宝贝书籍，它是对开本的画册，印制非常讲究，每只鸟都有详细的解说，每张图片的背后都空页，以免色彩渗透，效果受到影响。画册的纸张讲究且微微发黄。店员让我带上白手套慢慢仔细浏览。随着卷

胡克《喜马拉雅山的植物》英文版扉页

锦鳞游泳

册逐渐展开，我最为喜爱的天堂鸟向我展现出来，她靓丽的身姿、美丽得无以复加的羽毛，一下子就征服了我的心，我想我一定要拥有这一卷。经过艰难的讨价还价，店家终于同意以近千英镑的价格卖给我第一卷。这是我收藏的最为昂贵的博物学“文献”。这本书给我带来好运，我逐渐收集到许多第一版的博物绘画作品，逐渐认识了国内外博物学的“藏家”和一些博物学家，经过和他们有益的互动，我的博物绘画藏品成倍增加，目前我拥有 3000 多册的插图本著作（当然大多数是高质量的电子版），图片达几十万余张。

二、西方博物绘画的美学风格

德国现象学大师胡塞尔认为，人类认知的苏醒有两种方式，一是科学认知方式的苏醒，二是哲学认知方式的苏醒。我认为在一个人的认知历史上，从皮亚杰的发生认识论角度讲，存在一个美学认知的“苏醒”，这和克尔凯郭尔所说的人生三历程相契合。他说人一生可能要经过三个阶段：美学阶段、伦理阶段和宗教阶段。我概括为：科学的苏醒、哲学的苏醒和美学的苏醒。综合中西方有关研究，我认为，从一般的意义而言，一个人从 15 岁到 30 岁（大致上），对所在的世界和物质有强烈的求知欲，所学的知识和所解释的范式都标画为明显的科学特征，这一阶段认知我称之为科学的苏醒；从 30 岁到 50 岁，人的感觉日渐丰富而细腻，学会了认知、感受和欣赏美的事物，人的体力、智力和丰富的阅历呈现感性的风格，对活生生的东西充满非凡的感受力，人的认知方式标画为丰富的感性特征，我们称之为美学的苏醒；孔夫子说，五十知天命，50 岁之后，人们开始对历史和社会背后的原因感兴趣，并尝试进行解释和阐说，人的认知方式标画为寻根究底的智性特征，我称之为哲学的苏醒。

西方博物绘画源远流长，最早可以溯源到公元前 16 世纪希腊圣托里尼岛上一间房屋上的湿壁画，现存于雅典国家博物馆，画面上百合花和燕子交相飞舞。最早的印刷花卉插图于 1481 年在罗马出版。1530 年奥托·布朗菲尔斯的《本草图谱》出版，是一本集实用性与观赏性为一体的具有自然主义风格的植物图谱，从此以后博物图谱风靡欧洲。科学家、探险家、画家纷纷加入其行列，涉及人员之多，涉猎范围之广，超越了我们的想象力。在我见过的近百万张博物绘画中，以作者计，在历史上有名有姓的就有近万人，赫赫有名的有近千人，有大师风范的有近百人。可以概括地说，西方博物绘画发端于十五六世纪，发展于十七八世纪，19 世纪呈现发展高峰，作品爆发、大师林立、流派纷呈，19 世纪末出现式微，20 世纪出现大幅度衰落，20 世纪下半叶到现在又开始恢复和复兴。

通过我近十年的博物学学习和研究，我认为博物学以及与之密不可分的博物绘画对人的科学的苏醒和美学的苏醒大有裨益，因为博物学以及博物绘画呈现了一个人迹罕至的世界、一个已经绝迹和正在绝迹的世界、一个色彩斑斓的诗意世界、一个正在和我们渐行渐远的有意义的生活世界。一些中国画家认为，西方的博物绘画（他们鄙夷地称之为科学绘画）只具有科学认知价值，很少或者说没有审美价值；他们认为这些博物画画得太死，逼真有余而生动不足。其实他们对西方博物绘画的了解只是一鳞半爪，许多伟大的博物画家像奥杜邦、古尔德、胡克、威尔逊、沃尔夫，都有过人的本领，他们的绘画不光有逼真的线条，而且有斑斓的色彩、丰富的场景和生机勃勃的气势，让人叹为观止！ 他们艰难跋涉，身入险境，久与鸟兽为伍实地考察是他们成功的保障。梅里安在18世纪初带领女儿远赴南美岛国苏里南21个月；古尔德为绘制澳大利亚鸟类和哺乳动物，在澳大利亚写生两三载；华莱士为追踪研究天堂鸟，远赴马来西亚以及太平洋岛国十几年；很多博物学画家客死异乡他国。优秀的博物画家让铅笔的素描线条、铜板和钢板的制版线条突破了窠臼和限度，表现极有张力，立体地展现了一个多维空间。他们把写实发挥到极致，并用斑斓的色彩和亮丽的光线弥补写实的硬度和呆板，使画面熠熠生辉，充溢着生气，让人有身临其境的美妙感觉。我把博物画家捕捉物象的方式概括为6点：1. 远赴异域，实地考察；2. 对照写生，精确标注；3. 猎杀活物，制本复原；4. 制版着色，表现纤毫；5. 提炼定型，铺陈色彩；6. 营造气氛，建构谱系。

经过认真思考和探究，我认为博物绘画呈现了科学与美学互为表里的5个风格特点：

1. 博物绘画呈现科学数量化的风格。古尔德的博物绘画，原书中每一只鸟都详细标注了主要特征的尺寸大小，每张绘画都标注了展现的是鸟类的原大图像还是按比例缩小的图像。有原大尺寸，有原三分之一尺寸，有原三分之二尺寸。

2. 博物绘画呈现精致细微的风格。鲍尔的博物学绘画丝丝入扣，精致入微，如同在显微镜下展现的万物的细微风致。他的绘画风格之所以非常细腻，据说是因为他用显微镜观察采集到的植物和动物标本。他用极其细致的笔法，纤毫毕现地展示各种植物的花蕊和叶子，生动真实地再现植物与动物的原生态，给观者留下了极其深刻的印象，在博物画史上产生了深远的影响，后世很多博物学家以他的作品为临摹范本。

3. 博物绘画呈现生动鲜活的风格。凯茨比说："在画植物时，我通常趁它们刚摘下还新鲜时作画；而画鸟我会专门对活鸟写生；鱼离开水后色彩会有变化，我尽量还原其貌；而爬行类动物生命力很强，我有充足的时间对活物作画。"他的作品有一种特别的风情和美感，有别于那些所谓专业画家的僵硬和呆板。

4. 博物绘画呈现色彩斑斓、装饰性的风致与风韵。克拉默的蝴蝶色彩斑斓，布局严谨，形式多样，装饰性和鉴赏性引人注目。整版蝴蝶扑面而来，栩栩而动，瑰丽斑斓，让人叹为观止！画家们所用色彩的精细化超过我们的想象力，面对数以万计、纷至沓来的各种新鲜的植物，画家来不及当下进行细微的描绘，匆忙用铅笔绘制完素描之后，创建自己的色卡，详细标注植物各个部分的颜色编号，回国之后再进行认真翔实的涂绘。费迪南德·鲍尔的色卡就有二百多种绿色和一百多种红色、粉色、紫色等，体现了画家复原和展现万物的斑斓细微的颜色的努力。鲍尔在“调查者号”航程中所绘制的作品之所以了不起，还有一个重要的原因是他能在相当有限的上岸时间内画出许多细节来。为此他创造了一种独特的技巧，他没有采用帕金森在“奋进号”航行中使用的部分上色的方式，而是根据自己研发出的复杂系统，在采集地花很多时间进行仔细的铅笔素描与色彩标记。回到伦敦后，他便利用这些上了色标的素描作画，捕捉色彩的细微差别。正如诗人歌德所说：“我要展现我看到的万物的芳姿与颜色。”

贾丁编著《博物学家图书馆》之《昆虫学异域蝴蝶卷》英文版扉页

5. 博物绘画呈现复合叠加的美学风格。威尔逊绘制鸟类绘画，起初，是为了节省成本，把不同的鸟类和物种放在同一画面上。无奈之举，却造成奇特的美学效果：错落有致、复合叠加，展现了纷繁多彩的世界，展现了自然之美与艺术之美的完美结合，丰富了自然世界，在呈现了自然秩序的同时，呈现了万物的秩序之美。

三、博物绘画呈现的美感和审美经验概述

博物绘画所带来的美感也毫无保留呈现给我们了：

1. 丰富的感知。博物绘画呈现了一个丰富的“生活世界”，区域的广袤性与细节的丰富性，地方性知识与全球性视野完美地融合，并一览无余地呈现给我们。目前还没有发现任何一个学科具有这样广袤无垠、丰富生动的呈现性，胡塞尔所说现象学丰富的感知，在博物绘画里可以得到完美实现。

2. 鲜活的经验。许多博物学家在著作和相关绘画作品中，详细描绘了他们第一次发现新奇种类时的生活场景和欣喜若狂的状态，这种状态也成为描述和命名这种新物种的原初经验，他们甚至把自己的名字都镌刻在物种命名上。在《喜马拉雅山的杜鹃花》上我们可以看到胡克发现杜鹃花时那欣喜若狂的表情，在他手绘的素描和菲奇着色完成的绘画作品中都真实地呈现出来了。古尔德在《澳大利亚哺乳动物》中对袋狼详细的描述和细致入微的描画，在袋狼灭绝的今天，不啻为一曲令人惋惜惆怅的挽歌。重温这些绘画作品，也许能够让现代人找回曾经拥有的与大自然亲密接触的“宝贵的经验”，让经验重新回到人类原初体验到的经验状态，让经验回归，成为现代人的永久收藏。

3. 自由的世界。德国诗人荷尔德林说：万物一任自然。毛泽东说：万类霜天竞自由。在博物画中，万物呈现了自己的本来面目与形象，花卉迎风招展，鸟儿婉转歌唱，博物绘画展示了一个自由自在的世界：美是自由的象征。海德格尔认为美的本质就是自由。在博物绘画里，我们可以在审美的愉悦中畅游世界，从广袤的森林到干涸的荒漠，从寒冷的北极到赤日炎炎的非洲，从常年积雪的喜马拉雅山脉到终年葱郁的亚马孙热带雨林，翻阅这些优美的图片，看着这些精到的解说，恍惚有“坐地日行八万里，巡天遥看一千河”的感觉。

4. 和谐的意境。博物绘画展示一个有意义的生活：回归古典、回归自然的和谐意境。面对科学至上、科学泛滥的时代，德国哲学家海德格尔忧心忡忡地说：原子弹的爆炸使人类被迫进入了“原子时代”，原子时代把人从地球上连根拔起，人无家可归了。现代人生活在钢筋水泥的森林里，仰望雾霾重重的天空，呼吸着污浊的空气，电视画面充斥着核试验、病毒和战争，这就是21世纪人类遭遇的日常处境。博物绘画也许能够打开一扇门，放些许的绿意和较为新鲜的空气过来，让人可以憧憬和回忆起人类曾经拥有的和谐的生活和美好的诗意，让人们依稀回忆起海德格尔经常引用的荷尔德林的名句——“诗意地栖居”和特拉

克尔的诗境“那可爱的蓝色的兽”。

博物绘画对于我们时代的意义，尤其是在千面一孔、万象一致的冰冷的印刷复制品泛滥的机械复制时代，在数码相机一统江湖的时代，这些人工手绘的栩栩如生的博物绘画也许在这个日益单向度的世界里，如安徒生童话里的卖火柴的小女孩划亮夜空的每一支火柴那样，在漆黑冰冷的深夜里带来一小片亮光和些许的温暖。

《博物之旅》第一辑一共有5卷，分别讲述鸟类、昆虫、植物、动物、水生生物，从西方浩如烟海的博物学书堆里，披沙拣金，探骊得珠，从千卷书中精选出约60本，采撷其中精华按上述分类汇编，“嘤其鸣也，以求友声”“青鸟鸣枝，佳人拾翠”。采撷编书之甘苦，牵扯枝节之琐碎，非言语能复述其详；冀丛书能满足博物学读者殷殷之望！商务印书馆高度重视博物学的传续与复兴，欣闻我在关注和收藏西方博物学名著，力邀我分门别类、编译出版，并为此付出大量人力和物力，令人赞赏；广大译者踊跃参与，有很多著名翻译家、学者牺牲了宝贵的节假日，焚膏继晷，夜以继日进行校译，那份对博物学眷爱的拳拳之情，令人感佩；博物学研究之名宿、博物学复兴的积极倡导者——北京大学哲学系教授刘华杰，百忙之中拨冗写序推荐，令人感动……在第一辑即将面世之际，谨致谢忱如尔！

乙未深秋于京郊西山思无邪斋

Common Jacana

Parra jacana (Linn.)

[译者前言] 青鸟鸣枝　佳人拾翠

童孝华（中央编译局译审）

本书揭开自然史一角，从鸟类学启程，译介西方近三百年鸟类研究精华，以代表作品为主体，图文并茂，集成一部异彩纷呈的鸟类志，惠及国内外中文读者。

各地文明中，但凡有文字的民族都有和鸟类相关的词语。在中国，上古文献《尔雅》等书中便有鸟类资料，而在《说文解字》中，鸟部字、隹部字加起来可达百余种，并且已经有意识地按鸟的生理结构对其进行了分类。而英语中鸟类学（ornithology）一词也来自古希腊语“ornis”和“logos”的结合体，意为“关于鸟类的解释”。在早期的文字记录中，存有珍贵的信息揭示当时鸟类的分布情况。古希腊历史学家色诺芬便记录过亚述地区曾有大量鸵鸟，但如今早已灭绝。此外，中国、日本、波斯和印度的早期绘画中也展示了生动的鸟类形象。公元前 350 年，亚里士多德在其《动物志》中描述了鸟类的迁徙、换羽、产卵和寿命，并编纂了 170 只鸟类的信息。不过，他也误传了一些神话，例如燕子冬眠。这种说法得到广泛认可，直到 1878 年，埃利奥特・科兹总结有 182 种出版物皆提到燕子冬眠，其中只有个别学者提出了反对。早期的德国和法国专家也参与了古籍的整理，对鸟类研究做了新的工作，像法国博物学家朗德勒便介绍了地中海鸟类的知识，而另一位法国人贝伦也描述了法国及黎凡特公国的鱼类与鸟类，其著作《鸟类集》为对开本，囊括了 200 种鸟类的信息。17 世纪，约翰・雷和弗朗西斯・威洛比师徒按照功能和形态为鸟归类，这是对之前按外形或行为归类的一种突破，其作品《鸟类志》被誉为鸟类科学研究的里程碑。18 世纪英国的凯茨比出版两卷本的书籍专门介绍了北美地区的大量鸟类，为后来林奈的研究提供可靠的素材，标志着鸟类学作为独立学科的萌芽。不过，其真正的诞生还要推迟到维多利亚时代，当时人们广泛接受博物学的定义，又收集了大量鸟类的皮毛与卵，至此鸟类学才初具规模。1858 年，英国正式成立了鸟类学联合会，此后还创立了自己的刊物。当然，这一切新兴的繁荣都建立在一个前提之下，那就是各大帝国的海外殖民。不难发现，通过在殖民地的便利条件，不少探险家才得到更多深入实地考察的机会。

从早期实地用望远镜观鸟，到今天在鸟身上安装跟踪器进行常年考察，鸟类学的发展从未间断，目前大多数国家都已成立了独立于动物学的专门的鸟类学会，从生态、进化、类属、分布、习性和鸟巢特征各角度汇总鸟类信息，各国之间还经常集会研讨，使这门学科从根植于业余爱鸟人的消遣驶向学科化、理论化。

在博物科学中，自然是神圣的，人类的所有知识本质上皆来源于自然，而非实验。可叹的是，现代科学的妄为已经导致其与自然本身对立，使得一些博物爱好者深感忧虑，他们呼唤着人文精神与科学同在，试图在实验与进步中注入人性与善意的暖流。最近，国际鸟类联盟最新一份研究报告指出，全球八分之一的鸟类——1300多种鸟面临着灭绝危机，它们的生存状况日益恶化，从热带地区至两极地区，一些鸟类物种的数量呈现出可怕的下降趋势。全球鸟类生存状况出现危机，环境中新的威胁对人类健康构成潜在的不利因素。一些科学家预言，伴随着温室气体持续排放，海平面逐渐上升，很可能未来人类将听不到鸟类的叫声，同时，人类的生存也将面临巨大威胁。这不得不引起人类的反思。在北美洲产粮地区，草地鹨等草地栖息鸟类的数量骤然下降，像雨燕和燕子这样美丽优雅的鸟类奔波于寻找昆虫食物，它们在欧洲和北美洲地区的数量迅速下降。非洲大陆的鹰、秃鹫和其他猛禽的数量也逐渐减少，北大西洋海鸦和海鹦的聚居地正在逐渐消失，同时，西半球红腹滨鹬等岸禽数量也急剧减少。这种态势不容乐观，整个世界都在为此叹息，越来越多的爱鸟人走上街头，登上讲坛，呼吁世人保护我们飞翔的朋友。

在中国，随着政府呼吁、民间自发等各方力量的努力，我们对自然生态的关注越加密切，鸟类学不再只是西方的舶来品，更多的国人开始研究和反思，试图了解鸟类这种生物，并且以世界性的眼光研究其特点和生命轨迹。而对于青少年来说，除了研习书本中必要的知识外，开拓兴趣领域，丰富思想内容，也尤为重要。很多家长愿意看到孩子自幼便有热爱生灵与自然的赤子之心。这也是本书的导向之一。而对于喜欢猎奇又缺乏素材、语言不通的读者，书中收录的篇章，如《罕见的鸟》等，势必会为之还原一个仙境般的鸟类世界，拓宽求知者的视野。逝者如斯，沧海桑田，世间万物皆随时光演变，但人类基因中追求真理的一环仍旧促使着代代研究者前行，他们走到天涯海角，披荆斩棘，执着地与造物相遇，用心了解它们的方方面面，逐一记录，互相探讨，为后人留下了珍贵的智慧财富。今天的鸟类学者，欲求走上地道的探索之路，势必要选择数本著作研习，而本书的价值再次呈现，其内容的宽度与深度将为出于各种目的研究鸟类的读者提供帮助和参考。同时，所有文字由原版作品编译而来，我们不妨从历史的见证者的角度来看待其中不同时代的鸟类研究方法及其偏颇之处，批判地培养个人的良性历史观。

然而，眼前作品的规模与气候绝非一蹴而就，如何还原二三百年来鸟类观察者的真实生活以及屡次发现中的惊喜，成为本书的指归。我们选择了十余本原版著作进行编译，取其精华。这些作品在其所处年代皆颇具贡献，乃至今日，许多鸟类的命名和特征，还需参考相关作者的描述。首先，在主题上，本着集大成的目标，囊括了各地珍奇鸟类，如《火地岛的鸟》一章，介绍了南美洲接近南极的一个无人问津的岛屿上的鸟类，作者克劳塞不畏艰险，在岛上耐心收集，弥补了学界对该地鸟类的无知。火地岛独特的环境造就了新奇的物种，鸟类在这里呈现出地域特色，专家们通过解剖了解其饮食习性，信息极为翔实。其次，心怀自然，笔走神游，每部选材都配以精美插图。这些图画皆由当时最优秀的画师雕版、彩绘，是文字之外视觉的补充。尤其是一些已灭绝的鸟类，读者在未必有幸看到标本的情况下，仍能感知其色彩体态，画师的功劳首屈一指。例如罗斯柴尔德的《灭绝的鸟》，我们用心选择，经过编译将原作中的文字和插图展现在书中，无论从史料性还是艺术性来说，价值都是深远的。而爱德华·利尔的《鹦鹉图册》更是直接将绘画作为主体，除插图之外，唯有命名。再次，突出新意。传统的鸟类学著作喜欢把焦点放在鸟类本身，因此在配图时略显单薄，有物而无境，读者未见其生活。幸得《美国的鸟巢与鸟蛋》一书，作者托马斯·金特里开拓思维，别出心裁地将鸟类及其巢和卵一并画出，又深入观察鸟类交配与抚育后代的行为特点，貌似写物，却带着人性的光环。这部作品为本书锦上添花，拓宽了观鸟人的视野，也吻合作者的初衷，即唤起人类的同情心，警示世人莫要毁坏鸟巢，践踏鸟类的家园。古语有言“劝君莫打枝头鸟，子在巢中盼母归”，便是这样的同理之心吧。最后，从语种上，本书体现了编者与出版方巨大的决心和十足的信心，我们深知，鸟类学的研究不仅限于英国、美国等英语世界，德、法等大国也在此领域贡献卓越。鉴于此，德语的《手绘最惊艳的鸽子图集》和法语的《大自然中的鸟》被翻译成汉语，一并展现给国内的读者与学界，这样的勇气是每位参与此次编译工作的译者引以为豪的。

诚然，时代有先后，成长有别，列位学者的佳绩，盖不可统一以形式、格局。然而，经由多位业内之士酝酿甄选，实为走心之作，开卷有益，敬请品读。

Smilax lævis Lauri folio non Serrato, baccis nigris.

凯茨比：蓝色的鸟

T. 15.

Pica cristata cærulea.
The crested Jay.

作　者

Mark Catesby

马克·凯茨比

书　名

The Natural History of Carolina, Florida and the Bahama Islands

卡罗来纳、佛罗里达州与巴哈马群岛博物志

版本信息

1754 Printed for Charles Marsh [etc.], London

马克·凯茨比

马克·凯茨比（1682/83—1749），英国博物学家，出生于埃塞克斯一个律师家庭，由于家人与当时著名的博物学家约翰·雷是好友，凯茨比自幼受其影响，很早对博物学产生兴趣，后在伦敦进行专业学习。父亲去世后，凯茨比继承了殷实的家产。1712 年，他前往美国弗吉尼亚探望姐姐伊丽莎白——一位当地官员的妻子，并在那里生活了几年。1714 年，凯茨比走访了西印度群岛。1719 年，返回英国。

在弗吉尼亚居住期间，凯茨比收集种子和植物标本，并寄给了园丁托马斯·菲尔柴尔德。从此，他在英国学界声名鹊起，1722 年，植物学家威廉·谢拉德建议他代表皇家学会去美国卡罗来纳收集植物，他在查尔斯顿安居，并到北美东部以及西印度群岛各地去探索物种，其中很多都被寄到伦敦切尔西药草园。1726 年，凯茨比再次回国。

接下来的17年，凯茨比继续在博物学领域潜心钻研，准备出版研究成果，当时的皇家学会正好有人为他提供无息贷款，帮助其作品问世。在博物学史上，他是第一位使用对开本彩图画本的。凯茨比自学了刻板，起先的8幅没有背景，但后期将动物与植物皆体现在画中。1731年，他完成了第一卷著作。1733年，他被选入皇家学会。1743年，凯茨比的第二卷作品完成了，后期因为美国的朋友又寄来了新的资源，他又进行了补充。今天，他的原稿《卡罗来纳、佛罗里达州与巴哈马群岛博物志》仍珍藏在温莎城堡的皇室图书馆里。1997至1998年，其中一些藏品还在美国、日本和伦敦展出。1747年，凯茨比专门写了论文讨论鸟的迁徙，这也是史无前例的突破。1749年，他于伦敦逝世。

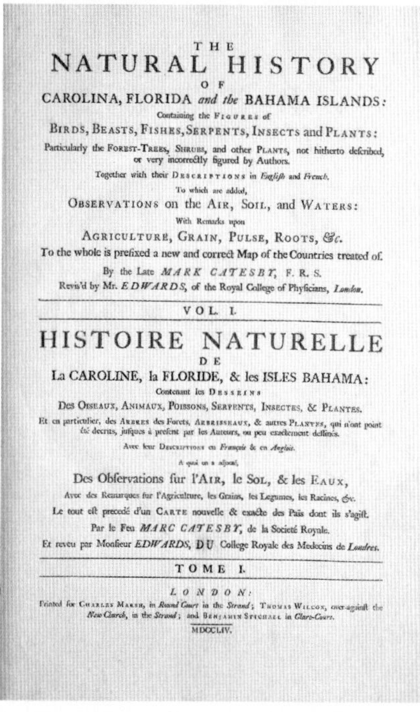

THE
NATURAL HISTORY
OF
CAROLINA, FLORIDA *and the* BAHAMA ISLANDS:
Containing the FIGURES of
BIRDS, BEASTS, FISHES, SERPENTS, INSECTS and PLANTS:
Particularly the FOREST-TREES, SHRUBS, and other PLANTS, not hitherto deſcribed, or very incorrectly figured by Authors.
Together with their DESCRIPTIONS in *Engliſh* and *French*.
To which are added,
OBSERVATIONS on the AIR, SOIL, and WATERS:
With Remarks upon
AGRICULTURE, GRAIN, PULSE, ROOTS, &c.
To the whole is prefixed a new and correct Map of the Countries treated of.
By the Late *MARK CATESBY*, F. R. S.
Revis'd by Mr. *EDWARDS*, of the Royal College of Phyſicians, *London*.

VOL. I.

HISTOIRE NATURELLE
DE
La CAROLINE, la FLORIDE, & les ISLES BAHAMA:
Contenant les DESSEINS
Des OISEAUX, ANIMAUX, POISSONS, SERPENTS, INSECTES, & PLANTES.
Et en particulier, des ARBRES des Forets, ARBRISSEAUX, & autres PLANTES, qui n'ont point été decrits, juſques à preſent par les Auteurs, ou peu exactement deſſinés.
Avec leur DESCRIPTIONS en *François* & en *Anglois*.
A quoi on a adjouté,
Des Obſervations ſur l'AIR, le SOL, & les EAUX,
Avec des Remarques ſur l'Agriculture, les Grains, les Legumes, les Racines, &c.
Le tout eſt precedé d'un CARTE nouvelle & exacte des Païs dont ils s'agiſt.
Par le Feu *MARC CATESBY*, de la Societé Royale.
Et reveu par Monſieur *EDWARDS*, DU College Royale des Medecins de *Londres*.

TOME I.

LONDON:
Printed for CHARLES MARSH, in *Round Court* in the *Strand*; THOMAS WILCOX, over-againſt the *New Church*, in the *Strand*; and BENJAMIN STICHALL in *Clare-Court*.
MDCCLIV.

《卡罗来纳、佛罗里达州与巴哈马群岛博物志》扉页

《卡罗来纳、佛罗里达州与巴哈马群岛博物志》主要记录了北美地区的动植物信息，其中插图220幅，包括鸟类、爬行动物、两栖动物、鱼类、昆虫和哺乳动物，当然还有植物。其影响深远，具有宝贵的研究价值，也成为同领域学者的重要参考。伟大的博物学家林奈在自己的作品中便引用过凯茨比的描述；在学界，某些物种的命名也直接使用了其姓氏。

18世纪是博物学发展迅猛的时代，欧洲大陆与英国皆已成为学者们探索挖掘的阵地，而世界各地尚有更广阔的天地吸引着业内的好奇。此时凯茨比的出现恰恰锦上添花，为博物知识宝库注入了新的血液，将北美精彩纷呈的物种介绍到文明世界。直到今天，他的作品仍旧拥有独特的价值，而其孜孜不倦的研究精神值得当代学者钦佩与追随。

卡罗来纳鸟类比其他动物更显多样，羽毛极其绚丽。

由于住所远离伦敦这个世界科学中心，我虽研究植物和自然界各种产物，但却没有机会不断地接触到标本及实物。强烈的好奇心使得我的祖国有限的物种难以满足我的研究，很快我的视线转移到其他地区，那里充满着连英国都未曾探寻的动植物。我最方便去的便是美洲的弗吉尼亚，那里有我的亲戚。1712 年 4 月 23 日，我到达了那里，一直住了 7 年。起初我尚未萌生著书的想法，只是给几个好奇的朋友寄去一些风干的植物标本等。其中，来自埃塞克斯的戴尔先生是一位专业的植物学家，我特地为他寄去其他标本，经他与当时最著名的植物学家交流，我得以认识著名植物学家威廉·谢拉德，并得到他高度的建议。

心怀严肃的研究目的，1722 年，我从英国出发，再次前往美洲，直奔卡罗来纳，那里虽被英国殖民百年之久，但其肥沃的土地和丰富的物种却是英国人所未知的。我在 5 月份到达，一路航行，横跨大西洋，我们捕猎鲨鱼、海豚等鱼类为食，由于长时间吃腌肉，鱼类成为我们的美食。海上我们经常看到海豚捕食飞鱼，它们速度极快，但后者总难逃前者的追赶，或是在空中被海鸟捉住。最奇妙的一次经历是在北纬 26 度的海域，一只猫头鹰在我们的船上盘旋。这种鸟翅膀很短，不能长时间飞行，在海上遇到实乃奇迹。它试图停下来休息，但最后飞走了。同日，我们还看到一只白头鹰，后来还见到过燕子，但它们都未曾落在船上。由此看来，鹰和燕子是最适合长途飞行的鸟类。不过猫头鹰的事件仍令我惊奇。

到达查尔斯镇，我得到镇长尼克森的热情接见，并在以后的停留中不断得其帮助。同样要感谢的还有这片土地上帮助我完成此书的所有人。

我夏初到达卡罗来纳，出乎意料地发现这里有比弗吉尼亚更多的物种。这里距离不远，地势偏低，我在第一年便主要收集并记载附近的动植物。后又到达杳无人烟的高地，继续探寻。令人欣喜的是，高地的自然状态与低地有很多差异，这里有低处不曾见过的物种。我和当地的印第安人一起到高山河流处进行过几次探险，我们在那里捕猎水牛、熊和其他野生动物，还发现不少特有的植被。我雇用了一个印第安人为我搬箱子，箱子里有我收集的植物和种子标本。我要感谢这些热情的印第安人，他们给予我帮助，并在雨中为我提供避雨处。

在观察方法上，我主要对森林树木和灌木进行研究，尤其是它们的食用和药用价值。我还留意那些可以适应英国气候的植物，检验其是否能忍耐严寒。

在卡罗来纳，鸟类要比其他动物更显多样，它们羽毛极其绚丽，我着重记录了其特性。可以说，在鸟类研究上，我所花的精力远远多于对昆虫和其他动物的研究。

这里的动物与欧洲的大多数动物相似，基本都被学界介绍过。而这里的蛇并不是常见物种，一些专家见到我的标本后，承认有些是他们未曾了解的。

在卡罗来纳，我见到不少新奇的鱼类，它们身体上的斑纹和色彩都别具一格，令人惊叹。至于昆虫，也是数量与种类奇多，不过时间与精力有限，我未能在本书中一一呈现。

三年间，我主要在卡罗来纳，但也去了附近不少地方，应邀走访了许多岛屿。其间，我见到了许多植物，还收集了它们的种子，当然，我还看到不少鱼类、贝类，并将这些信息分享给我的朋友汉斯·斯洛安爵士。

由于本人并非专业画师，在绘图时出现偏差还望读者谅解。在画植物时，我通常趁它们刚摘下还新鲜时作画；而画鸟我会专门对活鸟写生；鱼离开水后色彩会有变化，我尽量还原其貌；而爬行类动物生命力很强，我有充足的时间对活物作画。

1726年，我带着作品从美洲归来，得到广泛认可。众多业内人士建议我将其出版，但制版的造价极高，我难以承担。后来我决定自己刻板，尤其在鸟类羽毛的工序上，极其耗力，我还是排除万难完成了。

展示博物史是理解自然的必经之路，我尽力绘出动植物的准确颜色，对其描述，向读者客观介绍它们的信息。这些植物的名称我采用英语或印第安人的命名，一些拉丁语命名借助谢拉德博士的帮忙。

书中的鸟类并没有英文名，所以我借助欧洲同属鸟类的名称，加入一些特征词语以突显其不同。由于雄鸟大体比雌鸟美丽，读者会发现本书大都只画了雄鸟，又在文字中介绍雌鸟与雄鸟的区别。

颜料上，我采用耐久的材料，拒绝那些耀眼却易褪色的产品。这样可以使绘画更为持久地保持原貌，随时间流逝不易走样。画中以绿色居多，生意盎然。

（编译自马克·凯茨比《卡罗来纳、佛罗里达州与巴哈马群岛博物志》一书的序言）

黄嘴美洲鹃

体形和乌鸦相近，这种鸟喙部呈钩状，十分尖锐；上喙黑色，下喙黄色。初级飞羽呈红色，其余羽翼、上体、头部和颈部为灰色；从鸟喙到尾部整个下体白色；尾部细长，由六支长羽毛和四支短羽毛构成；中间两支尾羽灰色，其余黑色，梢白；其腿短而健壮，前后各两脚趾。它们的叫声和欧洲的杜鹃有差别，很普通。黄嘴美洲鹃喜欢独自活动，常出没于树丛间幽暗处。

古巴亚马逊鹦鹉

比起非洲灰鹦鹉，这种鹦鹉的数量较少。它们的喙部白色，眼睛红色；头上部、颈部、背部和翼明黄色，初级飞羽白色；颈部和胸部猩红色，其下方有一大块黄色，再往下还是猩红色；尾部和腰部之间红色，其余为黄色；所有黄色羽毛端部都呈红色；脚和爪为白色。图中此鸟是按照笼中活鸟画出的，但比起野外生存的鸟类，姿态不够生动。它被一位印第安人击中，飞行时有残疾。他将其带给哈瓦那的市长，市长又将其带给卡罗来纳的一位女士。后来这只鹦鹉在那里生活了几年，得到很多赞赏。

雪松太平鸟

此鸟体重1盎司，比燕子小。鸟喙黑色，嘴和喉部很大；从鼻孔到头后有黑色天鹅绒般羽毛，其余部分褐色；背部及翼覆羽渐深；腹部黄白色。其独特之处在于羽翼上八支小羽毛的红色端部，翅膀合上时聚在一起，形成很大的一块红斑。其尾羽黑色，梢黄色。

东蓝鸲

此鸟和燕子大小相同，体重 19 英钱。眼睛很大。头部、上体、尾羽和羽翼亮蓝色，翼梢褐色；喉部、胸部脏红色；腹部白色。它们飞行时速度很快，翅膀很长，老鹰都难以追上。蓝鸟喜欢在树洞里筑巢，对人类无害，以昆虫为食，很像欧洲的红胸鸲（欧亚鸲）。它们在北美大部分地区都很常见，比如卡罗来纳、弗吉尼亚、马里兰等地。

蓝冠鸦

蓝冠鸦比八哥略大，上喙基部往上的羽毛黑色绕过眉眼到喉部；冠羽很长，在高兴时会竖起；背部深紫色；初级飞羽内部黑色，外层蓝色，间有黑色条纹，梢白；尾羽蓝色，也有条纹；飞行时很像欧洲的松鸦，叫声更悦耳。

雌鸟颜色不那么鲜艳，其他与雄鸟差异不大。

Smilax lævis Lauri folio non Serrato, baccis nigris.

T. 15.

Pica cristata cærulea.
The creſted Jay.

白顶鸽

它们体形和传统家鸽一样。嘴基部紫色，端部白色；虹膜黄色，周围有白色皮肤；头冠白色，下方紫色；颈后部有闪亮的绿色羽毛，边缘黑色；其余部分灰蓝色，脚和腿红色。它们在巴哈马群岛上产卵，那里经常有人捕猎这种鸟。

Frutex cotini fere folio crasso; &c.
The Coco Plum.

Turtur Caroliniensis.

The Turtle of Carolina.

Anapodophyllon Canadense &c.

哀鸽（左页图）

巴尔的摩鸟（橙腹拟鹂，上图）

此鸟和燕子大小相同，体重 1 盎司。鸟喙尖锐；头部和背部上方为闪亮的黑色；羽翼黑色，羽毛边缘白色；其余各处介于红黄之间；尾羽最上面的两支羽毛黑色，其余黄色；跗跖铅黑色。它们在冬季飞走，我只在弗吉尼亚和马里兰见过，在卡罗来纳尚未发现。高大树木的枝干是其筑巢处，比如杨树等。巢由树枝构成，常建在树干的尽头。其得名源于巴尔的摩领主在当地的影响。

美洲金翅雀

体形大小上，这种鸟极似我们的金翅雀。鸟喙暗白色；头前部黑色，后部脏绿色。整个下体和背部亮黄色；羽翼黑色，间有小羽毛端部灰白色；跗跖褐色。卡罗来纳并不常见，但弗吉尼亚很多，而在纽约简直是数量庞大，常被人养在笼中。

靛蓝彩鹀

体形上，靛蓝彩鹀要小于金翅雀，体重 8 英钱。远处看去，呈蓝色，但仔细观察可见，鸟喙铅黑色；冠羽的蓝色比其他部分要深；颈部、背部和腹部蓝色稍浅；初级飞羽褐色，有蓝色边缘。尾羽褐色，泛有蓝色光泽。它们只在卡罗来纳生活，喜欢栖居在丘陵地带。叫声和欧洲的红雀很像。墨西哥的西班牙人称之为“蓝鸟”。

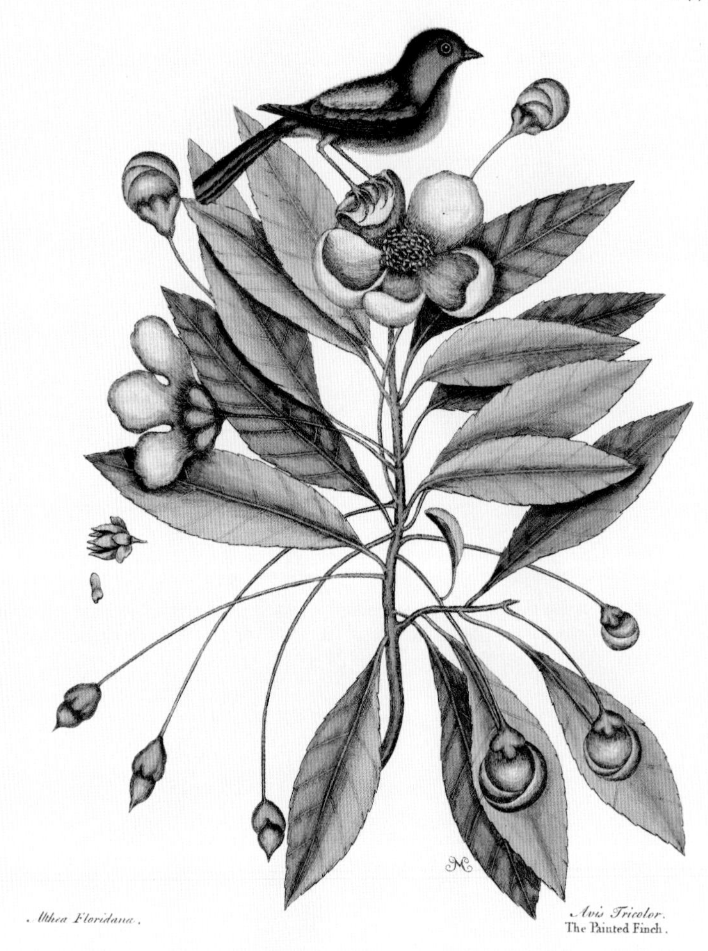

丽彩鹀

这种鸟和金丝雀大小相似。头部和颈上部海蓝色；喉部、胸部和腹部亮红色；背部绿色，渐变为黄色；羽翼由绿色、紫色和暗红色羽毛组成；腰部红色；尾羽暗红，间有紫色。它们在卡罗来纳产卵，在橘子树上筑巢。冬季会离开。尽管雄鸟羽毛华丽，但雌鸟也毫不逊色，有绿色的金属光泽。

南卡罗来纳州州长约翰逊用笼子养过四五只这种鸟，大约养了两年。我很难辨别雌雄，或许是它们尚未发育成熟，还需要多久尚未可知。这种鸟被带到北方以后，羽毛会失去光泽。西班牙人管它们叫作“彩蝶”。

Monedula purpuria.
The purple Jackdaw.

普通拟八哥

这种鸟比常见的寒鸦要小，大约 6 盎司。鸟喙黑色；眼睛灰色；尾羽很长，中间尾羽最长，其余逐渐变短。远处看去，普通拟八哥全身黑色，但是从近处观察，它们其实为紫色，尤其是头部和颈部。

雌鸟全身褐色，翅膀、后背和尾部最深。它们在这一地区的树枝上筑巢，大多选择遥远偏僻的地方。秋天，它们聚集在一起，漫天黑压压一片，对谷物会造成很大破坏。冬天，它们溜到谷仓中偷食。身上有股刺鼻的味道，皮肤黑色，肉质口感不好，很少有人吃。

Psitticus Caroliniensis.
The Parrot of Carolina

卡罗来纳长尾鹦鹉

这种鸟比乌鸦略小，体重 3.5 盎司。头前部橘色，后部和颈部黄色。其他部位绿色，仔细观察，羽翼内部是深褐色的；初级飞羽外层黄色，逐渐加深，变成绿色，进而蓝色；肩羽边缘亮橘色；翅膀很长，尾羽也很长，中间两支羽毛比其他的要长 1.2 英寸，呈尖形；跗跖白色；大腿上的小羽毛绿色，至膝盖有橘色边缘。它们喜欢吃种子和果核，尤其是松果和苹果。秋天的果林中处处是它们的身影，它们肆意破坏果实，食用中间的核。弗吉尼亚也是它们常去的地方，有些会在本地产卵，但大多数会去南方越冬。

爱德华：罕见的鸟

作　者

George Edwards

乔治·爱德华

书　名

A Natural History of Uncommon Birds

罕见鸟类博物志

版本信息

1743–1751 Printed for Charles Marsh, in Round Court in the Strand; Thomas Wilcox, over-against the New Church, in the Strand; and Benjamin Stichall in Clare-Court, London

乔治·爱德华

乔治·爱德华（1694—1773），英国博物学家，鸟类学家，被誉为“英国鸟类学之父”。爱德华出生于埃塞克斯郡斯特拉斯福镇，年轻时曾在欧洲大陆各处旅行，研究博物学。他的动物画，尤其是鸟类画为其赢得了很高的声誉。1733年，经人引荐，他在伦敦的皇家医学院担任图书管理员。

1743年，爱德华出版了《罕见鸟类博物志》第一卷，至1751年已出到第四卷。作为补充作品，他还出版了系列书籍《博物学拾遗》。这两部作品中包含六百多种物种的版画和描述，都是前人未曾提及的。他的作品中采用法文和英文索引，后由林奈补充命名。二人交流频繁，时常通过书信往来。

在18世纪中期英国的鸟类学界，爱德华扮演了至关重要的角色，他著作宏富，为本学科带来不可估量的价值。作为美国鸟类学专家马克·凯茨比和大英博物馆创始人汉

乔治·爱德华画像

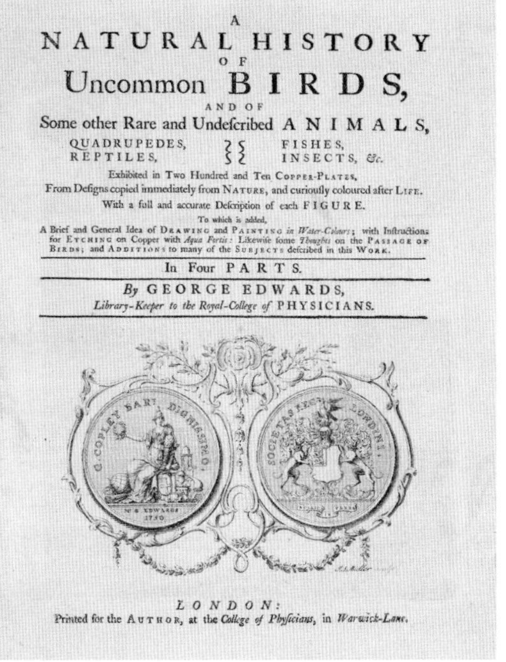

A
NATURAL HISTORY
OF
Uncommon BIRDS,
AND OF
Some other Rare and Undescribed ANIMALS,
QUADRUPEDES, REPTILES, FISHES, INSECTS, &c.
Exhibited in Two Hundred and Ten Copper-Plates,
From Designs copied immediately from Nature, and curiously coloured after Life.
With a full and accurate Description of each FIGURE.
To which is added,
A Brief and General Idea of Drawing and Painting *in Water-Colours*; with Instructions for Etching on Copper with *Aqua Fortis*: Likewise some *Thoughts* on the Passage of Birds; and Additions to many of the Subjects described in this Work.

In Four PARTS.

By GEORGE EDWARDS,
Library-Keeper to the Royal-College of PHYSICIANS.

LONDON:
Printed for the Author, at the *College of Physicians*, in *Warwick-Lane*.

《罕见鸟类博物志》扉页

斯·斯隆的朋友，爱德华是个博物学多面手，他既能画又能写，另外刻板和上色的工作都由他独立完成。之后，他被选入皇家学会，声名远至欧洲。《罕见鸟类博物志》影响巨大，在此领域无人能及。因而，它的重要性与观赏性同等显著。

除了两部专著，他本人还写过一些论文，如《博物志》。有些动物也因其而命名，如北美洲的一种环颈蛇，英文名中就加入了爱德华的姓氏。

1764年，爱德华隐退，于埃塞克斯逝世。

乔治·爱德华《新鸟类学》英文版扉页

所有探险家都有理由出去看看，观察鸟兽何时出现，何时消失，何时重现……

上帝的智慧与力量在一切理性造物身上彰显，在创世之时，他便造出陆地上的野兽、天上的飞鸟和水中的鱼类。他也造出各种植被、各类昆虫。作为世间唯一的智慧生命，人类拜上帝所赐，成为万物之灵长。研究考察上帝赋予我们的万物是我们的责任，每一次新的发现都唤起我们的敬畏之情：造物主何其伟大，何其智慧。我们心怀感激，源于这一切存在皆对人类有益。有的供给食物，有的愉悦感官，还有的锻炼心智。若有毒性动植物害死人类，那也是化了装的祝福。毕竟若无艰险，难以了解幸福。上帝按其逻辑教会我们是非善恶，我们受益匪浅。

对于野生动物，造物主赋予其内心本能，以弥补智慧与推理能力的缺失。人类也有本能，但相比动物要逊色不少。还好我们拥有头脑，善于分析。作为凡尘主宰者，人类驾驭万物，使得动物望尘莫及。智慧、本能和欲望集于一身，缺一不可。

理性是我们的向导，带领我们跨越万水千山。在寒冷的俄国，人们学会建造抵御严寒的房屋，内部生起暖炉。在波斯和印度，炎热的气候让人们睡在户外、屋顶。埃塞俄比亚人把房屋建在空旷的平原沙漠上，远离猛兽。到了欧洲，人们住在温暖的室内，用厚衣服和炉火取暖。理性伴随着他们的选择，使其趋利避害，无论寒暑，皆有方法适于生存。各类动物无一能及，因其生存法则固定死板，只能选择适合其生活的土地。人之智慧，无物能及。

至于其他物种，经年累月，世纪变迁，鲜有变化。尽管少数物种与其祖先有所出入，但这些变化并未明显固定下来。许多写过鸟类志的专家认为世间万物发展稳定，变化微小，而今却有些学者意见不同。我们可以稳妥地相信地球上的生物的确经历了巨大的变革，有的因为水域变迁，沧海桑田，因此出现许多埋葬在深海的大陆物种。或许这些变化是大幅度、瞬间的，力量之大顷刻就能毁灭上帝最初的造物。

眼观万物，人类叹服于这个星球的种种奇观，它们是一场场视觉盛宴，好比音乐带给听觉的愉悦。我们的双眼欣赏自然之形态和颜色，而虫鱼鸟兽不能，这更使我相信造物主不仅丰盈我们的感官，也启发我们的思维。霍斯里先生曾说："人类各有品位喜好，彰显圣灵智慧。遂有不同领域逐渐成熟，需感谢每一个专业研究者投入的工作，尽管力量微小，却使世人更加顺利地了解某一学科。"

每个时代都必将有新的发现，后人不满足于前人的积淀，继续探索，此乃时间的真谛。旧事物被新事物取代，火灾、掠夺、洪水、动乱等都会带来改变，而语言的改变更是影响我们的知识，因为没有哪种语言是亘古不变的。有些文字确实保存了千年之久，但其语言一旦死亡，这些记录将会愈发黯淡，直至消亡。古人的知识不是永远的靠山，我们需要与时俱进，增添新知识，填补一些学科的空白。如果不这样做，我们会遗失文明，退步到原始人的境地。

所有人都该尽其所能，攀登知识的高峰。艺术亦如此，需要一步步地追寻。每一个今日的发现都是在过去的基础上演进的，连自然本身都是由各种理念叠加构成的。造物主的力量时时与我们同在。没有对其他生物的了解，我们将成为弱小部落的原始人，只倾向于使用感官，拘泥于原始状态。不积累知识，没有联结，很难进化。我们不能忽视自己的好奇心和创造力，因为自然与艺术同样需要它们。

那些走向异地探索科学的旅人们，起初接触到的或许和自己故土上的情形一样，所以归来时他们讲述的鸟类有许多我们已经知晓，甚至随处可见。比如大家可以翻看布鲁因的著作《俄国之行》，里面描述了一种叫篦鹭的鸟，如今这种鸟已经被博物学家记述完善，无需赘述。但由于对该地博物史的无知，作者以为篦鹭是欧洲大陆的新发现。而事实上，它们一直在荷兰等地繁衍生息。诸如此类的现象屡屡发生，不排除一部分探险家为了应付赞助人而捏造了一些新奇的发现，有失诚信。然而另一些旅人的确跋山涉水，忠实地完成赞助人的心愿，找到了新物种。

所有探险家都有理由出去看看，观察找到的鸟兽，它们何时出现，何时消失，何时重新出现，如此才能记述它们的栖居地和迁徙行程，比如最近一位颇具名望的旅人便对我讲述了哈得孙湾附近鹿群夏季北迁、冬季南归的习性，当地人熟悉其路线，提早埋伏捕杀大量的鹿，制皮出售。我也曾在英国发现个别鸟类按季节出现，在孟加拉也有它们的踪影，另外还有些鸟在欧洲和孟加拉都出现过。它们是不是候鸟还不得而知，但这一点就绝对值得探索。在此我先记下它们的名字：大红尾鸲、麦翁禽、绿色小鹪鹩、家燕、食蜂鸟、歪脖鸟。

其中麦翁禽、绿色小鹪鹩、家燕和歪脖鸟夏季在英国能够见到，欧洲的南部也有。我认为它们是候鸟，因为它们在孟加拉消失的时候恰恰在欧洲常能见到，反之亦然。我相信那些来往有时的鸟类，按其规律在各地觅食产卵。例如山鹬、沙锥鸟、田鸫等，便是飞到北部地区产卵。而南方过来的候鸟也常飞来我们北方繁衍。它们会躲到地洞、树洞中冬眠，它们体形变胖，再难飞行。而据我观察，有些鸟类并不一定是冬眠，而是中途迷路，体力不支，被迫停在某地，钻到地洞里避寒。

没有图画的博物史是不完整的，因此我们应该大力推动绘画，尤其要鼓励有志于此的青年艺术家。或许世人会觉得我在自我营销，借机招揽年轻人学画，而我真实的想法是让大家了解前人的著作中缺少大量的配画，许多物种除了干瘪的名称之外并无描述和插图，因此造成不少困惑、迷失和争议。博物学家亟需用动物的绘图来进一步观察并描述，挽救信息的缺失。在描述自然的时候不该省略任何事情，因为一切信息都有助于归类或建立起一个物种的特质。总之，过于冗余和简略的描述都是欠缺的，导致读者困惑乏味。博物学家应谨记这一点。

另有些人则毫无科学眼界，至多依靠主观推测撰文，实为学界一大忌。或许这能很快愉悦大众，为自己带来收益，但纵观历史，我们应保有人类进步的精髓，那就是寻求真理。所罗门王便是一个很好的范例，他本人是一位博物学家，曾深入探索自然。亚历山大大帝也提倡从博物学到文学各个领域的繁荣发展。法国的路易十四南征北战，仍不忘提升修养，潜心美术。他钟爱博物学艺术作品，修建花园，培植奇花异草，在宫殿附近建成凡尔赛宫，收藏世界各地珍奇鸟兽。

为自然作画做记录的人应有颗赤子之心，不偏不倚，否则容易误导他人，而同一主题的作者也容易意见相左。历史画家在为诗人作品配画时，有充分的自由，夸张虚构，以求愉悦双眼，发挥想象力。但博物绘画应遵从实体现象，客观真实地再现。唯有秉承这种传统，画家的作品方可永世流传，宛如古希腊古罗马出土的雕塑，成为范本。

20年来，我专注鸟类研究收藏，又受雇于伦敦一些绅士为珍稀鸟类作画。目前个人的藏品已经达到几百种，凡有缘访客，我都乐此不疲为其展示。经提醒得知，其中的一些鸟类尚未被任何作者绘图描述，值得填补空白。然而我对此也不甚了解，感到畏缩。但有人提出，这些鸟中有些极其少见，或许已经灭绝，最好将相关信息出版，哪怕不知来处。很遗憾我从未到过欧洲以外的地区，但我竭尽全力描述这些标本，避免主观武断，哪怕是非常确定的地方。本书收集了许多初次发现的鸟类，还有些是初次配上了插图，极为新颖。我从未不写出处地引用他人描述，而是跟随自然的指引，一路自己书写。当然，我也咨询了一些人，读了一些书，完善本书的信息。

起初，每每想到这部作品从制版、印刷到出版的种种高昂成本和收益的不确定，我便打起退堂鼓。凯茨比先生让我向他学习自己刻板，并亲自指导我。对此我心怀感激。此后我专注于收藏中的罕见鸟类，以节省开支。

在刻板过程中，我感到这些作品不该只用黑白两色印刷，所以采用了彩色印刷。伦敦的医学院图书馆将收藏此书的原本，作为标准供人参考。我本意绘制100幅鸟图，但最终只收集到50种罕见的鸟类。当然，今后若有人能够提供新的种类，我将继续作画，并深表感谢。在此要诚挚感谢的还有在成书过程中慷慨帮忙的赞助人和朋友们，他们准许我自由出入其住所，为我展示其藏品，尤其是借给我珍稀的标本。尽管没有实地考察的经历，也可以避免错误和武断。书中的鸟都是按照真实的标本作画，为求新颖，我尽量表现它们多姿的体态，拒绝僵硬与单调。在一些画家朋友的辅助下，我尽量还原其自然之感，比如体形很小的鸟，我在空白的地方加入了昆虫。在这些标本中，大多数是活的，其余的也保存完好，在笼中做过防腐处理。

文中我力求细致观察后准确描述鸟类的颜色，凡有疑惑的地方，便用复合词修饰，如黄褐色、红褐色、脏褐色等。

（编译自乔治·爱德华《罕见鸟类博物志》一书的序言）

The white tailed Eagle from Hudsons Bay . Published September 1741 . G Edwards
1

白尾海雕

这种鸟与一般海雕的重量相似，大小和雄火鸡差不多。外形上，白尾海雕无冠，颈短，胸部结实，腿粗壮，羽翼长而宽阔。鸟喙呈微蓝的牛角色。上喙弯曲，覆盖下喙，约长 1 英寸。下喙比上喙短，被收在里面。头与喙连接处黄色，又叫蜡膜，上有鼻孔。白尾海雕虹膜为淡褐色，瞳孔黑色，和其他鸟类一样。在眼睛与鸟喙之间，是裸露的皮肤，杂有稀疏的黑色短毛。头部和颈部覆盖褐色羽毛，较短。浑身羽毛为暗褐色，背部尤其深，两侧渐浅。胸部有白色三角形斑点，尖部朝上，这些斑点都在羽毛的中间。羽翼和身体颜色相同，羽毛管为黑色。尾羽与羽翼长度相当，合上时为白色。尾下覆羽红褐色，大腿深褐色。每只脚有四个脚趾，粗壮，带黄色鳞片，站立时三脚趾在前，一趾在后。

白尾海雕来自北美洲哈得孙湾，由一个在当地工作的德国人带回欧洲我的朋友梅西先生家中，我幸得一见。他将其养在家中多年，我前去为其作画。

67

中国的孔雀雉

这种鸟比普通的雉更大，尽管叫雉，但我并不认为它属于雉科鸟类，因为其尾部的羽毛都是平的，而非尖的，并且也不弯曲。尽管颜色不鲜艳，孔雀雉仍是自然界中漂亮的鸟。

鸟喙深色，上喙从鼻孔到端部红色；眼睛黄色，鸟喙到眼部之间黄色裸露的地方有稀疏的黑毛。脸颊、眼部上方白色；冠羽深褐色，微向前竖立；颈部亮褐色，有深色斑纹；背上部和翼羽深褐色，每支羽毛端部有紫色圆点，颜色可变为蓝色、绿色和金铜色。羽毛管深褐色或黑色；胸部、腹部、大腿深褐色，有黑色横纹；背部下方和尾上覆羽褐色，中间尾羽最长，往边缘处逐渐变短。每支尾羽尽头都有两个眼睛形状的斑点，颜色与羽翼上的斑点一样，可变化。腿和脚犹如母鸡，为脏褐色；腿后长有距，共两对，非常特别。

我所画的这只孔雀雉由伦敦的詹姆斯·门罗收藏，后赠送给牛津公爵。画中花卉属于装饰，名为牡丹，是中国画中常有的意象。这种花比玫瑰宽，茎部中间为黄色。绿叶平滑坚硬，像常青藤叶子。

这种花在埃塞克斯郡已故的彼得公爵宅邸中可以见到。

68

中国的彩雉（红腹锦鸡）

这种鸟比英国的雉鸟小得多，尾羽更长，中间尾羽可以达到 24 英寸。在阿尔宾的鸟类志中已经做过描述，他将其命名为红雉。但鉴于其身上颜色多样，我认为彩雉更适合。此外，他作品中的绘画走形，我尽量在本图中修正。他画的鸟喙和头部过大，羽翼过长，尾部过短，并且省略了许多细节，在本图中我已为其补充。

鸟喙浅黄色，尖部变暗；眼周黄色；头两侧眼部以下肉色，裸露，有稀疏细毛；冠羽亮黄色，可以竖起，也可落下。颈上部橘色，有黑色横纹，在争斗时会竖立。颈下部和背上部墨绿色，泛有金色光泽；其余背部至尾羽金黄色，间有猩红色羽毛。羽翼黑色，次级飞羽深红色，更小的羽毛为蓝色；下体为红色；大腿肉色；尾羽黑色与红褐色相间，中间两支尾羽黑色，上有褐色不规则圆点。画中我刻意将其羽毛画得松散些，以显示其纹路。它们的腿很像母鸡，但也有距。

近些年这种鸟常被从中国带来，我在几位友人的收藏中见过不少，还得到一只新死的，对其细节进行了研究。中国彩雉生命力很强，在英国的气候下也能适应。图中所绘的这只是斯隆先生的藏品，已经在这里 15 年了。

彩雀（上：丽彩鹀；下：靛蓝彩鹀）

图中鸟均为彩雀。它们幼时颜色平淡，上体深褐色，下体浅一些。图中上面的这只颜色很正，发育完全。鸟喙黑色，下喙基部肉色；头部和颈上部深蓝色。背部上方黄绿色，下方和腰部红色。翼覆羽上部蓝色，下为橘色，飞羽绿色；尾羽褐色，有绿色边缘。从鸟喙到尾下覆羽，整个下体红色；腿、脚和爪褐色，发育后不变。

图中下面这只也是彩雀，但还未发育完全。（编者注：原文如此，实际是两个物种）其鸟喙和眼睛与上面那只一样，但眼皮不是红色。这只彩雀通体蓝色，从近处看头部的颜色比身体更漂亮，没有那么深。初级飞羽和尾羽褐色，有蓝色边缘。

安森夫人慷慨地为我提供了这对鸟，据悉它们来自新西班牙（中美洲西班牙殖民地），是一位海军将领带回的。门罗先生曾将其画成两种不同的鸟，他没有发现其相似性，并分别起名为彩雀和蓝雀。阿尔宾在描述的时候将其发源地写错，他说彩雀来自中国，但据凯茨比先生考察，它们来自美国卡罗来纳，喜欢在橘子树上筑巢，冬季迁徙。西班牙人叫它们“蓝蝶”。

130

蓝腹雀（安哥拉蓝锦雀）

这种鸟的喙和金翅雀形状相似，中间尾羽比两侧略长，行动和普通小型鸟类相似。

喙部脏肉色；眼睛黑色，虹膜淡褐色，头顶、颈上部、背部和羽翼灰褐色，初级飞羽加深。眼周、喉部、胸部、腹部、腰部、尾覆羽均为天蓝色；腿、脚和爪形状平常，为褐色。

图中这只蓝腹雀是保罗·马丁先生从里斯本带来的，他为博物学做了许多贡献。他曾在我的手稿中记下："这种鸟定居在非洲安哥拉海岸，极其漂亮。"所画的这只鸟是活着带到英国的，我幸得一见。它很活泼，但未见到其歌唱。据我所知，它还没被学界介绍过。为了形成色彩反差，我将它与花朵放在一起，突显效果。

美洲鹤

图中是缩小后的美洲鹤，其实际大小是：从鸟喙到爪部5英尺7英寸，羽翼合上时25英寸，跗跖11英寸，腿上无毛。不算爪，中间脚趾4英寸。鸟喙端部有齿突。

鸟喙长6英寸；上下喙端部都为黄褐色，中部褐色。头侧、喉部、颈部、身体和尾部都是白色；9支初级飞羽黑色，第10支初级飞羽外黑内白，其他飞羽白色；背部羽毛纹路疏松，从图中可见。腿部裸露，有鳞片状皮肤，黑色。

这只鸟来自哈得孙湾，保存完好。据其收藏者说，它们在夏季来到北方产卵，冬季来临时返回南方。凯茨比先生曾在作品中画过它的头部。有人告诉他，这种鸟在早春时分大量出现在佛罗里达河口附近，夏季隐退到山间。我们在夏季的哈得孙湾发现过它们，足以证明它们属于候鸟。这里我画出美洲鹤的整体供大家参考。

印度红尾鸲（红耳鹎）

图中鸟我不知将其归到哪种鸟类，它们嘴部有很硬的毛，很像屠夫鸟或者怪氏鸟，但嘴形又不同。阿尔宾先生在书中叫它红尾鸲，我在这里与其保持统一。

鸟喙基部暗黑，端部黑色。头顶有长而软的黑色羽毛，好似羽冠，我猜想活鸟头顶的羽毛是可以竖立起来的。眼下有红色斑点；喉部、胸部、腹部和大腿白色，颈侧和胸侧羽毛黑色，后颈褐色。背部、羽翼和尾部都是深褐色；初级飞羽边缘变浅，沿胸部羽翼发白；尾下覆羽红色；腿和脚暗黑色。

这只鸟是从孟加拉地区带来的，由丹德里奇先生收藏。

刺尾印度蜥蜴

图中蜥蜴头部、腿部暗绿色，上体有浅灰色斑点；肩部有三条黑色条纹；身侧红色；腹部浅灰，渐变为红色；头部、身体和腿部有细小鳞纹，皮肤光滑；尾部鳞纹大，竖起如刺；尾部棕绿色，下部渐浅。

这只蜥蜴是从东印度带来的活标本，据我所知学界还未介绍过。

190

长尾绿蜂鸟

这种鸟有一个特别长而宽的尾巴，羽毛坚硬。鸟喙修长，黑色；头顶蓝色或绿色；初级飞羽脏紫色，身侧飞羽绿色；翼覆羽绿色；腹下方、尾下覆羽白色；大腿暗黑色；尾羽尤其漂亮，有蓝色光泽，时而变绿色，间有金色。此鸟通体有金色光泽，尤其是尾部；腿、脚和爪黑色。

图中这只鸟是钱德船长从牙买加带来的，我有幸将其画出。

另外两只蝴蝶来自东印度，详细地区不明。

长尾黑帽蜂鸟

这种鸟尾部很长，中间尾羽疏松柔软，一边一支，上下还有更软的羽毛将其支撑。据我观察，所有鸟类的尾部羽毛都有两支较长，不是中间就是两边，比如燕子和喜鹊。长尾黑帽蜂鸟喙基部要比其他蜂鸟更粗，长而尖，往下弯，很硬，黄色。其头顶、颈后为黑色，有蓝色光泽；喉部、胸部、腹部有绿色羽毛，偏蓝，羽毛硬，像鱼一样呈鳞片状；背部羽毛松散，黄绿色；羽翼紫褐色，在光线下有蓝紫色光泽；翼脊到肩膀为白色；尾羽暗黑色，由中间至外越来越长；腿、脚和爪黑色。

科林森先生为我展示过这种鸟，我后来在皇家学院也见到过一只，体形略小。它们来自牙买加，据我观察，它们的尾羽不超过10支。

图中蝴蝶为燕尾蝶，是梅西先生给我的。它们身体和翅膀都是暗黑色，有黄色斑纹和斑点，在尾部附近的斑点红色。

3
2
1

亚历山大·威尔逊：为鸟类学命名

作　者

Alexander Wilson

亚历山大・威尔逊

书　名

American Ornithology

美洲鸟类学

版本信息

1876–1877 by Casell Petter & Galpin, London

亚历山大・威尔逊

亚历山大・威尔逊（1766—1813），苏格兰裔美国博物学家、鸟类学家、插图画家和诗人，特别擅长描绘鸟类。美国另一位博物学家乔治・奥德（George Ord）称他为“美国鸟类学之父”。威尔逊的鸟类学著作九卷本《美洲鸟类学》（1808—1814），书内有精美的彩页，比美国鸟类学家、画家和博物学家奥杜邦（Audubon）的著作早了将近20年。有数种鸟类是以他的姓氏来命名的，例如威尔逊啄木鸟、威尔逊海燕和威尔逊莺等。《威尔逊鸟类学杂志》和“威尔逊鸟类学学会”也是因其得名的。如今，许多博物学家认为，亚历山大・威尔逊是奥杜邦之前最伟大的美国鸟类学家。

威尔逊出生于苏格兰的织布村佩斯里（Paisley）。1779年，他开始在家乡做学徒工，学习织布。同时，受长他7岁的罗伯特・彭斯（Robert Burns）方言韵律诗的激励，威

亚历山大·威尔逊画像

AMERICAN ORNITHOLOGY;

OR,

THE NATURAL HISTORY

OF THE

BIRDS OF THE UNITED STATES.

BY

ALEXANDER WILSON

AND

PRINCE CHARLES LUCIEN BONAPARTE.

The Illustrative Notes and Life of Wilson

BY SIR WILLIAM JARDINE, BART., F.R.S.E., F.L.S.

IN THREE VOLUMES.—VOL. I.

CASSELL PETTER & GALPIN:

LONDON, PARIS & NEW YORK.

《美洲鸟类学》扉页

尔逊很快对诗歌非常感兴趣，写了很多叙事诗歌，描述他家乡的乡村生活片段，并讽刺性地评论织布工在工厂里艰苦劳动的生活状况。他的诗歌严厉地讽刺工厂老板，导致他被捕入狱，并被迫做艰苦的劳役工作。刑满释放之后，他便移居美国。

1794 年 5 月，他和侄子一起乘船离开苏格兰前往美国。由于刚到美国时在当地做纺织工的机会很少，威尔逊转而在宾夕法尼亚和新泽西州的学校里教书，并最终定居于宾夕法尼亚，在格雷氏渡轮（Gray's Ferry）公司谋得一个职位，同时在金格塞新（Kingsessing）附近住下来。恰在此时，威尔逊遇到了著名博物学家威廉姆·巴特拉姆（William Bartram），他鼓励威尔逊继续从事其所爱好的鸟类学研究和绘画工作。由于决定要出版北美全部鸟类插图集，威尔逊广泛游历，收集和描绘各种北美的鸟类，并为他的著作九卷本《美洲鸟类学》做征订工作。

这一套著作以插图方式描绘了268种鸟，其中26种以前从未被描述过。因此，这部著作成为美国"最权威的鸟类学著作"。有人评论这部著作说："（它）是第一部综合描述美洲鸟类的著作，从而在科学上起到了里程碑的作用。同时它又是一部充满真诚的热情，以精确清晰的散文体写就的作品，这使之成为自然文学中颇有影响的著作……他这部10年写就的著作是一首对美国自然之爱的颂歌，应当被视为一部重要的美国文献。"（参见Lyon, *This Incomperable Lande,* pp.42–43.）我国自然文学专家程虹教授则评论说："威尔逊对原野的热爱，他那诗人的眼光及作家的灵感，使他能够及时捕捉到自然中的动植物的特性，并以自己亲临荒野仔细观察的经验形成一种精确的散文体，一种将诗情画意融于科学，类似于但又超越了巴特拉姆的文学形式。在威尔逊的笔下，对于某种鸟的一般性陈述都像一幅画面。比如象牙嘴的啄木鸟可被称作同类之王。自然似乎给它设计了独特的个性，赋予它不同的装饰：深红色的冠，象牙色的嘴；它的整个形体是如此完美地与其生活和生存的方式相应，从而使它的观察者深感造物主那神思妙想。其神态举止之尊贵也胜于普通的啄木鸟。树木、灌木、果园、栅栏和朽木，对于不知疲倦、无所挑剔地寻找食物的啄木鸟来说都同样具有吸引力；可是我们面前这位高贵的捕食者，却鄙视不挑不拣的卑贱行为，偏找森林中最高的树木，尤其对巨大的长着病枝、覆盖着青苔、伸向半空中的丝柏情有独钟。在这些几乎难以接近的幽静之处，置身于被虫蚀的漠漠林海之中，它那号角般的音符，洪亮的敲击声，在整个寂静的荒野中回荡，仿佛它是这里唯一的主人和居民。"（参见程虹：《寻归荒野》，生活·读书·新知三联书店2011年版，第55页）

但不幸的是，在撰写这套九卷本的著作期间，威尔逊因病逝世。因此，这套著作是由乔治·奥德最终完成并出版的。威尔逊逝世后被安葬在费城的葛罗瑞亚－德伊教堂公墓。现在，他的墓地与他的好朋友乔治·奥德——他的著作出版赞助人和继承者的坟墓相邻。在佩斯里有一座威尔逊纪念碑矗立在卡特河畔，他的雕像也矗立在那里，以纪念他与这座城市的联系。纪念碑上镌刻着“怀念亚历山大·威尔逊，1766—1813年。这里曾是他童年玩耍的地方”。

威尔逊一生撰写了许多著作，主要有：《诗集：不列颠的眼泪》《美洲鸟类学》《美洲蓝鸟》《巴尔的摩鸟》《拉布与林根：万神殿的传说》《论权力与民族自由的价值：演说集》《1806—1813年论文集》以及他去世后出版的《守林员：诗歌，1804年秋季尼加拉瓜大瀑布长途旅行游记》等。

由于威尔逊在鸟类学和诗歌等方面的重大贡献，在他逝世之后，人们撰写了许多纪念和研究其学术成果的著作和文章。其中主要有：爱德华·H.伯特（Edward H. Burtt）和小威廉·E.戴维斯（William E. Davis, Jr）等合著的《亚历山大·威尔逊：创立美洲鸟类学的苏格兰人》，剑桥和伦敦2013年版；克拉克·亨特（Clark Hunter）撰写的《亚历山大·威尔逊的生平与信件》，收入由美国哲学学会组织撰写的纪念丛书第154卷，1983年在费城出版；罗伯特·普拉特（Robert Plate）撰写的《亚历山大·威尔逊：荒原的游历者》，戴维－麦凯伊有限出版公司出版，纽约1966年版；罗伯特·康特威尔（Robert Cantwell）撰写的《亚历山大·威尔逊：博物学先驱》，科平利特公司出版，费城和纽约1961年版；詹姆斯·绍索尔·威尔逊（James Southall Wilson）撰写的《诗人博物学家亚历山大·威尔逊：其生平及诗选研究》，尼尔出版公司出版，纽约和华盛顿1906年版；艾伦·帕克·佩顿（Allan Park Paton）撰写的《鸟类学家威尔逊：其生平的新乐章》，朗曼－格林公司1863年版；乔治·奥德撰写的《亚历山大·威尔逊生平概况》，哈里森书屋出版社1828年版（传记作者克拉克·亨特补充说：“这部著作实质上是奥德撰写的《美洲鸟类学》第九卷的扩大版。”）；托马斯·克赖顿（Thomas Crichton）和J.尼尔森（J.Neilson）合著的《写给年轻人的晚年亚历山大·威尔逊传略》，佩斯里1819年版；以及斯通（Stone）和威特默（Witmer）编写的《亚历山大·威尔逊与约翰·阿博特未出版的一些信件》，载《海雀》第23卷第4期（1906年10月号），第361—368页。

金翅啄木鸟（图 1）

现名：北扑翅䴕，*Colaptes auratus*
威尔逊命名：金翅啄木鸟，*Picus auratus*
原名：杜鹃须䴕，*Cuculus auratus*（林奈，1758）

这种鸟的食物会随季节的更替而变化。当樱桃、稠李和多花紫树的浆果都陆续成熟时，啄木鸟会尽情享用，尤其是浆果。但是，这种鸟的首要食物，或者说在它们的胃里最常见到的东西，是潮虫和蚂蚁的幼虫。它们非常喜爱这些食物，我经常发现它们鼓鼓的肚子里塞的全是这些东西，而且只有这些东西，使肚子坠胀得像个铅锤。为了能使啄木鸟获取这些昆虫，大自然为它巧做设计。啄木鸟的喙通常是直的，且有凹槽直通到嘴里，形同楔子，其末端尖利无比，能轻松地啄透最硬的木头。金翅啄木鸟的喙则是长长的，稍微弯曲，只在上面呈脊状，逐渐变尖，却仍然是楔形的。不过，这两种喙都能以其特有的方式轻松地捕捉食物。

1
2
3
4

美国大伯劳或屠夫鸟（图 1）

现名：灰伯劳，*Lanius excubitor*
威尔逊命名：美国大伯劳或屠夫鸟
原名：灰伯劳（林奈，1758）

如果把这一类鸟的喙与腿和爪子进行对比，我们会发现，它们似乎属于两个完全不同的鸟目。伯劳鸟的喙在结构上接近于鹰类，而它的腿和爪子在结构上则接近于鹊类。事实上，伯劳鸟的饮食和行为与这两类鸟都有相似之处。比起一些食肉鸟，伯劳鸟的行为更像鹊类，尤其是在获得剩余食物的习惯上。它们会把剩余的食物储藏起来，像是以备不时之需。有一点不同的是，乌鸦、松鸦、喜鹊等鸟类会把它们的食物随意地藏在树洞或者裂缝里，然后那些食物很可能就被遗忘或者再也找不到了。然而，伯劳鸟却把自己的食物插在荆棘或者灌木丛上，之后风吹日晒，食物很快干瘪，同样也不能再食用。不过，两种鸟都在尽力保持着相同的习性，无论摆在它们面前的是什么样的食物。

松雀（图 2）

现名：松雀，*Pinicola enucleator*
威尔逊命名：松雀，*Loxia enucleator*
原名：交嘴雀属，*Loxia enucleator*（林奈，1758）

我养一只雄松雀有半年多了。8 月，松雀的羽毛从红色变成了青黄色，这种变化仍在进行。在 5 月和 6 月，松雀的叫声清脆、婉转、悦耳，虽然没有与其同样大小的同伴声音响亮。它会一整个早晨都在鸣叫，偶尔还会学几声附近红雀的叫声。松雀十分温顺、友好，当它需要食物和水的时候，会发出忧伤焦虑的哀啼。

水岸云雀（图 4）

现名：角百灵，*Eremophila alpestris*
威尔逊命名：水岸云雀，*Alauda alpestris*
原名：云雀属角百灵，*Alauda alpestris*（林奈，1758）

水岸云雀在外形上有一点与众不同，我发现以前的作者都没有注意到。那就是，它有几根黑色的长羽毛在身体两侧相同的距离伸展开来，高过眉梢。比起身上其他的羽毛，这几根羽毛更长，更尖，质感也有所不同。而且，水岸云雀能使这几根羽毛竖立起来，让它看起来好像长了角，就像一些猫头鹰家族一样。我养一只水岸云雀有一段时间了，觉得它这种独特的长相很有趣。我想它或许适合一个特别的名称：有角的小云雀，或角百灵。角百灵死后，这些角就几乎看不出来了。它的头上稍微有点羽冠。

2
1
3
4
5
6

美洲鹞（图 1）

现名：美洲隼，*Falco sparverius*
威尔逊命名：美洲鹞
原名：美洲隼，*Falco sparverius*（林奈，1758）

在鸟类学中，关于本纲食肉鸟的困惑以及所犯的错误是最多的。由于雄鸟与雌鸟大小的巨大差异、其全身羽毛要经历很多年才能完成的生长变化，以及捕获足够标本的困难，博物学家的错误几乎不可避免。因为这些原因，也为了尽可能地弄清这类鸟的每个属种，我决定分别呈现雄鸟和雌鸟（无论在这方面有多少疑问），只要我能得到它们完整的标本。美洲鹞的习性和行为广为人知。它们的飞行毫无规律，有时会悬在空中，在一个地方停留一到两分钟，然后向另一方向迅速飞去。它们会停栖在田野或草地中的一棵枯树或一根柱子上，飞落时翅膀突然合上，好像马上就要消失得无影无踪。它们笔直地坐在那儿，有时一坐就是一小时，时不时动一下尾巴，机警地侦察着地面四周的情况，等待老鼠、蜥蜴等猎物的出现。

Drawn from Nature by A. Wilson *Engraved by W.H.Lizars*

1. Mottled Owl. 2. Meadow Lark. 3. Black and white Creeper. 4. Pine-creeping Warbler.

19.

杂色林鸮（图 1）

现名：东美角鸮，*Megascops asio*
威尔逊命名：杂色林鸮，*Strix naevia*
原名：林鸮，*Strix asio*（林奈，1758）

树林或果园里的空心树、隐秘地区的密植常绿植物，都是杂色林鸮和其他猫头鹰科鸟类常常选择的栖息地。然而，这些隐秘的住所经常会被鸸、山雀和冠蓝鸦所发现。这些鸟会随即拉响警报，一大群长有羽毛的邻居很快便聚拢到这一地区，就像大城市里每当有小偷或杀人犯被发现时人们就会聚拢一样。它们大声谩骂、吵声震天，逼着我们的隐士另觅其他安身之所。这也许就是人们会大白天在栅栏上或者其他毫无遮蔽的场所见到杂色林鸮的原因了。

草地鹨（图 2）

现名：东草地鹨，*Sturnella magna*
威尔逊命名：草地鹨，*Alauda magna*
原名：小云雀，*Alauda magna*（林奈，1758）

尽管草地鹨这一著名鸟种并不擅长用欧洲云雀似的鸣叫来宣告一天的到来，但是，若从羽毛颜色的丰富多彩，从声音的甜美（尽管音域偏窄）上看，草地鹨却是出类拔萃的。它与其大家族中的其他物种不同，没有长直的后爪，而这也许是晚近一些博物学家将它同欧椋鸟归为一类的原因。但是，它形状独特的喙、它的习性、羽毛、搭建窝巢的模式和选地，都明确地表明了它真正所属的家族。

黑白旋木雀（图 3）

现名：黑白森莺，*Mniotilta varia*
威尔逊命名：黑白旋木雀，*Certhis maculata*
原名：黑白森莺，*Motacilla varia*（林奈，1766）

这种小型鸟类生性敏捷聪明，很少会落在小树枝上。它们喜欢盘旋于树干或者大树枝上，以便捕食蚂蚁和昆虫，其速度和准确度令人称羡。

Drawn from Nature by A.Wilson *Engraved by W.H.Lizars*

1. Louisiana Tanager. 2. Clarks Crow. 3. Lewis's Woodpecker

20.

克拉克乌鸦（图2）

现名：北美星鸦，*Nucifraga columbiana*
威尔逊命名：克拉克乌鸦，*Corvus columbianus*
原名：克拉克乌鸦，*Corvus columbianus*（威尔逊，1811）

克拉克乌鸦有一点像欧洲寒鸦（*Corvus monedula*）。但与之不同的是，克拉克乌鸦有一双接近隼类的强有力的爪子，这似乎暗示说它会吃活的动物，这双爪子是将活物撕烂的必备武器。

刘氏啄木鸟（图3）

现名：刘氏啄木鸟，*Melanerpes lewis*
威尔逊命名：刘氏啄木鸟，*Picus torquatus*
原名：*Picus lewis*（格雷，1849）

为这些精心保存下来的鸟类新物种作画，是刘易斯上尉亲自向我提出的要求，或者说特殊希望。这位勇敢的战士，这个和蔼可亲、德高望重的好人，我曾经在他荒野中的孤坟前伤心落泪，一想到他英年早逝便悲痛欲绝。我希望能够得到宽恕，因为眼下仅能作出这幅小画以表敬意，也希望今后能有更出神入化的笔力来更好地完成这一任务。

Drawn from Nature by A. Wilson.

Engraved by W.H. Lizars.

丽彩鹀（图 1）

在第一个季度，雌雄幼鸟的身体上半部呈橄榄绿色，而下半部则呈暗黄色。雌雀基本上不再有变化，最多变成褐色。而雄雀的颜色变化则恰恰相反，它们要经历漫长的时间，慢慢地长满丰富多彩的羽毛。在第二个季度，雄雀头上的蓝色开始显现出来，并与之前的橄榄绿混在一起。等到第二年，背部和尾梢出现黄色，红色则斑斑点点地呈现于喉咙及以下部位。所有的颜色会在第四个季度长齐，不过有时候尾部还停留在绿色状态。在第四、五季度时，丽彩鹀会完成它华丽的换装，其羽毛色彩绚丽、五彩斑斓，就如图中所画的样子。然而，我们无法确保关在笼子里的鸟会遵循这样的变化规律，因为适宜的食物、充足的阳光、气候的变化，这些方面的缺乏会联手阻碍自然规律的实现。

蓝翅黄森莺（图 3）

和前述鸟类一样，蓝翅黄森莺也来自于同一地区，也是南方来的过客。但是有一点很不一样，那就是它很少接近房屋或者花园，而宁愿待在幽暗僻静、沼泽遍布的密林深处。在丛林中，它敏捷地飞来飞去，寻觅毛毛虫，时不时发出几声尖利的鸣叫，但不足以使人注意到它。

食虫莺（图 4）

这类鸟有个显著特征，就是喜欢吃蜘蛛。凡是可能有蜘蛛的地方，它们都会飞来飞去，找个不停。如果哪里有断裂的树枝或者枯萎的树叶，它们会毫不犹豫地冲过去，在枝叶间发出窸窸窣窣的声音，那是它们在寻找食物。我曾经多次看到它们用这种捕食方法，在树林间来回穿梭，寻找一个觅食点。

黄翼麻雀（黄胸草鹀，图 5）

这是此种小型物种第一次被介绍给公众。然而，我对它的历史无法多讲。这就好比人类种族中的很多个体，只是默默无闻的普通一分子，乏味无趣，简简单单。

斑翅蓝彩鹀（图 6）

在与斑翅蓝彩鹀相处的过程中，我用印第安玉米喂它。它似乎很喜欢玉米，能够用它的喙轻松地把最硬的玉米粒啄碎。它们也吃大麻的种子、小米和各种浆果的种子。斑翅蓝彩鹀是一种胆小的鸟类，警觉而不爱出声，好动却又爱干净。我从来没见过它们的巢，所以无法加以描述。

1
3
2
4

加拿大鹟（图 2）

现名：加拿大威森莺，*Cardellina canadensis*
威尔逊命名：加拿大鹟，*Muscicapa canadensis*
原名：加拿大鹟，*Muscicapa canadensis*（林奈，1766）

这种鸟生活在宾夕法尼亚州的南部地区，喜欢独居，种类稀少。在内陆区域，尤其是靠近山脉的地方则比较常见。我见过的两只加拿大鹟都是在这一区域发现的，两只都被击毙了。就我的观察而言，这种鸟十分安静，整天忙于在树枝间追逐昆虫。从它们的名字可以得知，相比美国，它们可能更多地生活在加拿大。在加拿大的春天和秋天，它们可能不仅仅是过客。

冠森鹟（图 3）

现名：黑枕威森莺，*Setophaga citrina*
威尔逊命名：冠森鹟，*Muscicapa cucullata*
原名：*Muscicapa citrina*（博塔埃特，1783）

这种鸟在费城和北部诸州很难见到。但是在马里兰州以南地区，从大西洋到密西西比河之间的地域内，这种鸟十分常见。它们偏爱地势较低、林下灌木茂密的地方。这些长满藤条灌木丛的地方在田纳西州和密西西比地区大面积存在。它们似乎总在追捕飞虫，其间不时发出三声响亮悦耳、充满生机的叫声，听起来啁啾动人。像所有翔食雀一样，冠森鹟总是精神十足，活跃异常。

绿色黑顶鹟（图 4）

现名：黑头威森莺，*Cardellina pusilla*
威尔逊命名：绿色黑顶鹟，*Muscicapa pusilla*
原名：*Muscicapa pusilla*（威尔逊，1811）

这种鸟体形娇小，整洁活跃，我从来没有在任何欧洲博物学家的著作中见过对这种鸟的描述。它们居住在南方各州的沼泽地中，在新泽西和特拉华州一些低地中也出现过。夏季，它们居住在沼泽地里那些人们几乎不能靠近的灌木林中，嘎嘎地叫着，声音尖锐，不算悦耳。10 月初，它们会离开南方诸州。

1. Carolina Cuckoo. 2. Black-billed C. 3. Blue Yellow-backed Warbler. 4. Yellow Red-poll W.

28.

黄嘴美洲鹃（图 1）

现名：黄嘴美洲鹃，*Coccyzus americanus*
威尔逊命名：黄嘴美洲鹃，*Cuculus carolinensis*
原名：*Cuculus americanus*

对于初次来到美国、希望能够观察其天然物产的外国人来说，如果在 5、6 月间漫步树林之间，穿越低沉幽静、大树参天的峡谷，很可能会听到一种令人不舒适的喉音或者说音符："咚——咚——咚——咚咚"，音符开始的时候很慢，但是结束时却迅速加快，连成一片。这些音符相互回响，非常嘈杂。外国人会经常听到这些声音，却看不到发出这些声音的鸟或动物在哪里，因为它们十分羞涩，喜欢独处，总是在厚厚的枝叶间隐藏自己。这就是黄嘴美洲鹃。

黑嘴美洲鹃（图 2）

现名：黑嘴美洲鹃，*Coccyzus erythropthalmus*
威尔逊命名：黑嘴美洲鹃，*Cuculus erythropthalmus*
原名：黑嘴美洲鹃，*Cuculus erythropthalmus*（威尔逊，1811）

这种鸟也是常见的鸟类，但是迄今为止，它们没有引起欧洲博物学家的注意。或者说，由于它们与黄嘴美洲鹃大体相似，因此被混为一谈了。然而，它们有与众不同的标志性特征和生活习性，可以充分说明，它们是独立的种类。

黑嘴美洲鹃特别喜欢在小溪边活动，以小的水生贝类和蜗牛等为食。在它们的胃里，我还发现过一些牡蛎壳的残片。

蓝色黄背莺（图 3）

现名：北森莺，*Setophaga americana*
威尔逊命名：蓝色黄背莺，*Sylvia pusilla*
原名：美洲山雀，*Parus americanus*（林奈，1758）

尽管我尊重上述所提及的权威（林奈、凯茨比、拉瑟姆和巴特拉姆），但我还是认为，这种鸟属于莺鸟的一种。虽然它们的习性带有一些凤头山雀属的特征，但是它们的喙的形状却毫无疑问是林莺属的。值得注意的是，它们总喜欢光顾高耸入云的大树的顶端，在那里寻觅以树叶和花朵为食的飞虫和毛毛虫。

黄色红头莺（图 4）

现名：黄林莺，*Setophaga petechia*
威尔逊命名：黄色红头莺，*Sylvia petechia*
原名：瘀点鹡鸰，*Motacilla petechia*（林奈，1766）

这种鸟比较纤弱。它们 4 月初来到费城。那时，枫树的花还在盛开。在这个时候它们便常常出现在枝叶花朵之间，以花中的雄蕊和小飞虫为食。它们最喜欢的栖息地是低矮、潮湿的丛林。

（本章由杨富斌、李素杰编译）

古尔德：喜马拉雅山珍稀之鸟

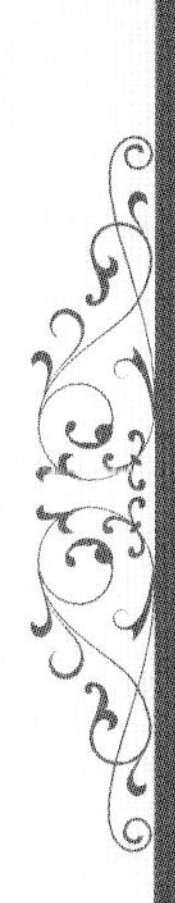

作　者

John Gould

约翰·古尔德

书　名

A Century of Birds from the Himalaya Mountains

喜马拉雅山百年鸟类图集

版本信息

1831, London

约翰·古尔德

约翰·古尔德（1804—1881），英国鸟类学家、鸟类画家。由夫人伊丽莎白·古尔德协助绘画制版，他先后完成了多部鸟类学专著，如《喜马拉雅山百年鸟类图集》《澳大利亚的鸟类》等。后者将其推上“澳大利亚鸟类学研究之父”的地位，而澳大利亚的环境组织也为纪念他而被命名为“古尔德联合会”。从某种程度上说，达尔文自然选择进化论的确立有赖于古尔德的贡献，现今的“达尔文地雀”便是古尔德发现的。在《物种起源》中，达尔文也曾引用过古尔德的专著。

古尔德出生于多塞特郡的一个园丁家庭，父子两代并未受过很好的教育。1818年至1824年，他在父亲工作的温莎皇家花园做学徒，之后成为约克郡雷普利城堡的园丁。在动物标本剥制方面，古尔德技艺精湛。1824年，他于伦敦开设了自己的动物剥制作坊，

A

CENTURY OF BIRDS

FROM

THE HIMALAYA MOUNTAINS.

BY

JOHN GOULD, A.L.S.

LONDON:

1831.

《喜马拉雅山百年鸟类图集》扉页

这项技能也助其后来成为伦敦动物学学会首任会长和管理员。

因为本职工作特点，古尔德有幸接触到英国最顶尖的博物学家，并亲眼看见捐献给动物学学会的鸟类标本。1830 年，一大批喜马拉雅地区的标本来到英国，趁此机会，古尔德出版了专著《喜马拉雅山百年鸟类图集》。本书由威格斯撰文，古尔德夫人手绘配图，又经其他艺术家制版。

此后的七年中，他相继出版了 4 部作品，包括五卷本的《欧洲之鸟》。该书由古尔德亲自撰文，助理普林斯编辑。当时，画师爱德华·利尔因经济困难将自己的整套绘本出售，古尔德得以购买到这些鸟类的图样，放在书中出版，虽然成本颇高，但他仍因此赚了许多钱。1838 年，古尔德为其新作携夫人前往澳大利亚。遗憾的是，在三年后返

青年时期的约翰・古尔德

回英国时，古尔德夫人去世了。

1837年，古尔德曾与达尔文相会，后者为其展示了哺乳动物和鸟类标本，由古尔德为其中的鸟类进行鉴定。几日后，古尔德放下手中生意，鉴定出达尔文先前认为来自加拉帕戈斯的黑鹂属于一种全新的独立鸟属，其中包含12个种。相继而来的是二人的多次合作。在达尔文后来编辑的《小猎犬号之旅的动物学》第三部分中，便加入了古尔德的鸟类学研究。

格拉斯哥大学曾将古尔德誉为奥杜邦之后最伟大的鸟类学家。他一生出版了许多关于英国和欧洲其他地方、亚洲以及新几内亚岛鸟类的书籍，另外还有一卷有关澳大利亚哺乳动物的书籍。成熟期的古尔德已经有了美学意识，在画中描绘出鸟巢和幼鸟的样子，大大增添了其作品的审美元素。

喜马拉雅山有许多珍奇的雉属鸟类，本书首次展示给世人。

去年，幸得动物学会鸟类学收藏主管人约翰·古尔德先生珍藏的一小部分喜马拉雅山脉鸟类，使这一神秘地区的鸟类样本和相关介绍得以问世。更有古尔德夫人通过精湛的手绘，从中挑选出100种最重要的展示给读者。这部作品在绘画上的价值与其信息价值同等突出。书中收录的鸟类标本多次在动物学会的科学会议上展出，关于鸟类的介绍也在后续的报告中被不断引用。在最初收藏的基础上，后来又加入了一些来自牛津阿什莫林博物馆、格拉斯哥博物馆、利物浦博物馆以及肖尔先生个人的藏品。随着本书的完成，关于各类鸟的介绍和绘图将一并问世。

书中原有的90只鸟大部分由古尔德先生捐赠，现已存入动物学博物馆。其余10只鸟的去向可以参阅相应介绍。

针对各种鸟的地理分布等大量系统信息，作者很难就目前有限的一些收藏断定。然而，本书仍旧为鸟类学研究提供了许多有效信息，启发了研究者。最大的特色便是发现一部分看似生活在北部的鸟类也生存于纬度相对偏小的地区，由此可以推断南部的海拔为鸟儿提供了与北部同样的气候。在北欧，松鸦、星鸦、山雀、金翅雀、灰雀、乌鸦、杜鹃、啄木鸟和贴行鸟在身体结构和羽毛颜色上，其实和英国当地对应的鸟类并无很大差别。而英国的野鸭也有很多曾出现在北欧的山地上。另外一些会游泳、常在水中生活的鸟类在习性上虽不完全相同，但在外形上和北欧的同类鸟毫无二致。

喜马拉雅山脉将亚洲大陆南北阻隔，我们猜想有许多南部的物种应该和北部是有关联的。因此，我们最近在喜马拉雅山脉发现有一些属于印度和东部群岛的鸟类被冠以不同的名称。非洲和印度的某些常见鸟类在此地也有分布。而澳大利亚的许多鸟类在东部群岛和印度次大陆也能够见到，最远可至尼泊尔山区北部。

当然这里还存在一些特有的物种，至少它们主要生活于此，其中最重要的是雉科，特明克先生将其定名为虹雉属，其中著名的有棕尾虹雉。另外还有带冠羽的雉属鸟类，以及带角的鸟类，居维叶先生将其定名为角雉。此外，还有一种伯劳科鸟类，一种画眉，和一种近似涉鸟的水禽。它们都是通过本书首次展示给世人。

（编译自约翰·古尔德《喜马拉雅山百年鸟类图集》一书的序言）

蛇雕印度亚种

蛇雕属鸟类在喜马拉雅地区目前已知有三种，其物种明确，外形相似，个体特征有细微且明显的差别。结合体能、身形和喙长及凶猛度来判断，它们与隼形目鹰科近似。另外，其足背多皱，呈六边形鳞状，又近似鹗科鱼鹰。

两只经过研究的标本中，一属古尔德先生个人收藏，另一由尼泊尔的英国公民霍奇森先生最新提供。二鸟特征相似，大小有异，后者是前者的 1.25 倍，原因不排除雌雄差别。鸟背部和羽翼处呈褐色，头有冠，黑白相间；尾下覆羽带有浅红色带状花纹；翼覆羽为褐色，杂以白色小斑点；飞羽呈暗褐色，边缘处加深；内里杂以白色斑纹；眼边、鸟喙、鸟腿皆为黄色；爪尖黑色。

HÆMATORNIS UNDULATUS.

2/3 Nat. Size.

Drawn from Nature & on Stone by E. Gould.

Printed by C. Hullmandel.

红嘴蓝鹊

在所有鹊属鸟类中，红嘴蓝鹊的羽毛颜色和优美体态是无与伦比的。然而，在很多方面，它又是鹊属中最不典型的。其喙的力度和角度有所差异，尾羽有分层，中间两枚尾羽比其余的长出一倍。红嘴蓝鹊不只生活在喜马拉雅山区，也广泛分布在整个中国。在出口到欧洲的中国绘画里，它是一种常见图案，所以我们怀疑它类似英国的松鸦或喜鹊，是可以家养的。据推测，此鸟蛮横凶猛，肖尔先生在笔记中描绘，他捕到的一只红嘴蓝鹊便可以捕捉活鸟，并直接将其吞食。林间观察，它们会在树枝间跳跃，尾羽修长，动作活泼，体态相当优雅夺目。

此鸟枕部和后颈部为白色，头部、颈侧和胸部黑色，背部、羽翼和尾羽亮蓝色，覆羽和尾羽端部白色，尾羽上的白色之前还有黑色条纹。下体白色，鸟喙为明亮的橙色，跗跖浅橙色。

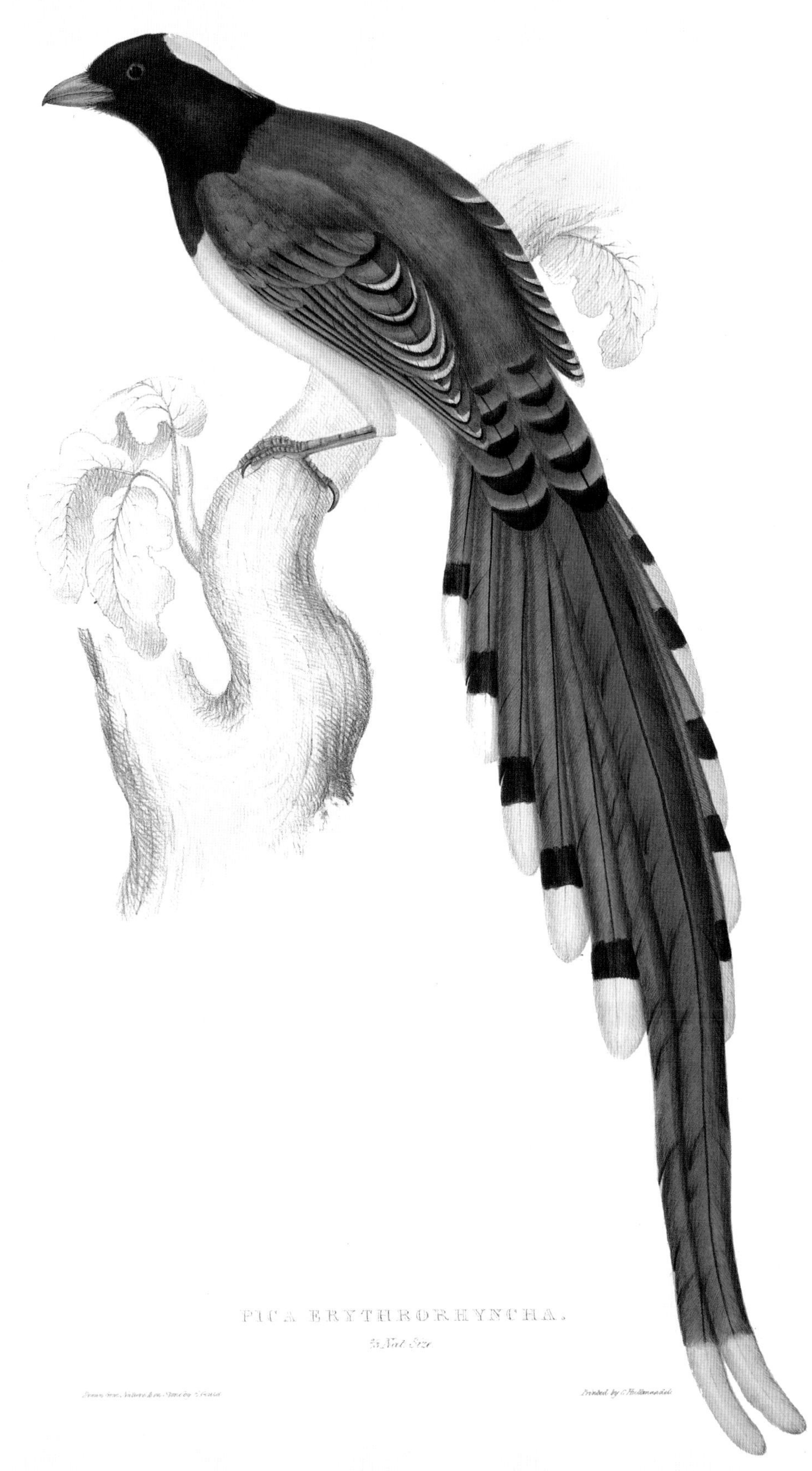

PICA ERYTHRORHYNCHA.

⅔ Nat. Size

Drawn from Nature & on Stone by E. Gould. Printed by C. Hullmandel.

灰树鹊

在哈德威克少将的调研下，科学界发现了这种鹊属鸟类。不同于同属鸟栖居范围有限的特点，灰树鹊在喜马拉雅高原地区以及中国分布地域广泛，而且习性存在差异。与红嘴蓝鹊和最近从金奈发现的第三种鸟类相似，灰树鹊的习性也不同于典型的鹊属鸟，它们有些近似于鸦属鸟类。

雌雄灰树鹊的羽毛颜色几乎没有差别，但雌鸟的羽毛要少于雄鸟。其额头黑色，枕部和颈后灰色，背部浅褐色，羽翼和尾部黑色，中间两枚尾羽为灰色，脸颊和喉部黑色，至胸部变为黑灰色。下体灰色，尾下覆羽浅红褐色，鸟喙和跗跖黑色。

身长 15 英寸，鸟喙 1.25 英寸，跗跖 1.25 英寸，尾羽（包括中间两枚）10 英寸。

CUCULUS SPARVERIOÏDES.

鹰鹃

大自然赋予喜马拉雅山脉无穷无尽的鸟类，我们在本书中将就杜鹃属的鸟类介绍两种。这里要说的鹰鹃是其中体形最大的，它们的羽毛颜色和传统杜鹃有差异，尾羽和羽翼上多了褐色的宽斑，胸部也带有褐色块斑。其颜色很像隼科的美洲隼，体形和其他方面更像是大杜鹃，但比后者要大一些。鹰鹃广泛分布在印度次大陆，在许多地区都可见到。本书之前，科学界还未曾就其绘图。

遗憾的是关于此鸟的习性尚未有可靠的记录，鹰鹃是否和传统杜鹃一样将卵产在其他鸟的巢里，还不得而知，希望未来的考察能够解答诸多问题。

鹰鹃头顶、枕部和耳羽为灰色，上体呈灰褐色，翼覆羽带有红褐色斑纹，尾羽间有五道暗褐色和三道灰褐色带斑，喉部和胸部白色，胸部有栗色纵纹，腹部、大腿和尾下覆羽有褐色横纹，鸟喙褐色，跗跖橙黄色。

PICUS OCCIPITALIS.

Male. 2 Female.

灰头绿啄木鸟

像所有典型的啄木鸟一样，灰头绿啄木鸟也喜欢在树上找食物，但它们同时也像地表捕食鸟类一样，会捕食地上的蚂蚁和其他昆虫。

灰头绿啄木鸟的名字得自其头后部特别的黑色斑纹。它们多分布在山地的温和地区。

雄鸟的额头是明亮的猩红色，头顶、枕部和颈后部深黑色，脸颊两侧和后部灰色，带有黑色胡须。上体绿色，至腰部渐变成黄色，翼橄榄绿色，覆羽和尾羽褐色，覆羽边缘有白色条斑，尾羽中间两枚羽毛端部颜色加深。胸部和下体绿灰色，鸟喙和跗跖黑色。

雌鸟区别只在于额头是黑色，而非猩红色。

图中雌鸟只画出头部以显示雌雄差别。

棕尾虹雉

在巍峨的喜马拉雅山高海拔地带，终年积雪覆盖。这里生存着出奇美丽的鸟类并不稀奇。在雉科鸟类中，棕尾虹雉以其金属光泽的绚丽羽毛引人注目。著名博物学家居维叶先生确立了红雉属，该属鸟类数量极为有限，棕尾虹雉是至今唯一得到承认的典型红雉属鸟类。

如果我们有幸将此鸟运到英国，它们将成为公园中怡人的装点。棕尾虹雉和印度平原的孔雀以及中国的野鸡生存气候一致，由于距离遥远，分布地区偏僻，运输存在很大的困难，英国的博物馆中鲜有收藏。然而我们期待未来到印度的旅行者可以将它们带回到我们的园林中。

棕尾虹雉的食物主要是球状根茎，它的上颚像鹧鸪一样，呈勺子形，尤其适合铲食。

棕尾虹雉雄鸟雌鸟和幼鸟的差异很大，成熟雄鸟全身主要由绿色和紫色构成，而雌鸟为深褐色，带有锯齿状锈色斑纹，尾羽的斑纹也为锈色。这种鸟冠羽较长。

成熟的雄鸟头上有修长的冠羽，向前卷曲，如丝绒一般。冠羽、头部和喉部都有浓烈的金属绿色光泽；颈后部呈紫色；背部和双翼钢青色，背部中间有白色横斑；尾羽铁锈色，至端部加深；整个下体黑色。

LOPHOPHORUS IMPEYANUS.

Male. 2/3 Nat. Size.

黑头角雉

为纪念哈斯廷侯爵在管理印度期间对鸟类学的赞助与支持，这只鸟又名哈斯廷角雉。雄性黑头角雉绚丽颈部有橙色肉裙；胸部和下体羽毛边缘皆为黑色，每枚中间带有白色斑点，腹部羽毛呈褐红色。

尽管黑头角雉与红胸角雉相当接近，但二者在当地的分布不同；红胸角雉是从尼泊尔山上捕获的，而我们现有的这只是从喜马拉雅北部山脉得来的。这种鸟的羽毛颜色从幼时到成熟要经历很大的变化。经过我们认真反复地对其不同发育期的观察，发现有三种角雉，其中两种收录在本书中，第三种叫作红腹角雉，收录在哈德威克与格雷先生的作品《印度动物学》里。

成年雄鸟头部有黑色冠羽，耳羽和喉部亦为黑色；颈部和肩羽深红褐色；胸部橙红色；眼周围裸肉红色；喉部肉裾蓝紫相间；上体有褐色锯齿状细纹和斑纹，间有许多清晰的白色斑点；尾上覆羽端部皆带有较大白色斑点；鸟喙黑色；跗跖褐色。

雄性幼鸟颜色相对暗淡，肉垂和面部裸露处为浅肉色。

雌鸟羽毛主要是褐色，上面布有各种大小的斑纹，背部和胸部羽毛稍浅；头部带有短圆冠羽；脸侧有羽毛覆盖，没有肉垂。

TRAGOPAN HASTINGSII.

¾ Nat. Size.

Drawn from Nature and on Stone by E. Gould.

Printed by C. Hullmandel.

彩雉

彩雉是斯泰西少校在印度发现的，所以又得名斯泰西雉。它和典型的雉属鸟类虽然相近，但也有一些自己的特点。彩雉的腿更短粗，有冠毛。作为介于两种鸟属之间的鸟类，彩雉的长尾和轮廓很像雉，而其强劲的跗跖和冠羽又比较靠近鹇。在喜马拉雅地区，这种类型的鸟类虽不少，但彩雉却比较罕见。在众多收藏的标本中几乎没有见到，而雌彩雉更是不曾有人带到欧洲。目前对其习性我们还知之甚少。

此鸟眼部周围的皮肤是猩红色，冠羽、头部和颈部黄褐色。除脸颊和喉部，每枚羽毛都有黑色斑纹。初级覆羽上布有锯齿状细纹，末梢黑色。腰部红褐色，每枚羽毛端部附近有两个黑点。尾羽黄褐色，间有黑褐色斑纹。下体黄褐色，斑纹与背部一致。鸟喙和跗跖褐色。

PHASIANUS STACEII.

½ Nat. Size

勺鸡

哈德威克上校发现并研究了这种鸟类，从习性上看，勺鸡和之前的彩雉同属，也是非常有趣的物种。形态上它很像雉，但其楔形的尾部和有冠的头部又与传统雉属鸟类有别，成为印度高山地区一类特殊的物种。勺鸡的冠羽比较坚硬，根根独立。而彩雉的冠羽更加柔软低垂。它们是喜马拉雅地区的常见鸟类，我们得到了雌雄各一只。为了突显性别差异，我们单独在图中画出雄鸟，雌鸟还可以参看哈德威克上校的《印度动物学》。

勺鸡头部有冠，下层冠羽绿黑色，上层黄褐色。头部、背部和颈前部皆为黑色，带绿色光泽。颈侧白色，上体灰色，在初级和次级覆羽处渐变成黄褐色，次级覆羽上有小斑点。胸侧和肋部有披针形羽毛，中间黑色，有白色边缘。胸部和下体是深栗色，鸟喙黑色，跗跖褐色。

雌鸟的上体全部黄褐色，间有优雅的黑色锯齿状纹路和斑点。冠羽较短，也是黄褐色。喉部白色，下体是浅黄褐色。

PHASIANUS PUCRASIA.

2/3 Nat. Size

Drawn from Nature & on Stone by E. Gould.

Printed by C. Hullmandel.

古尔德：天堂鸟

作　者

John Gould

约翰・古尔德

书　名

The Birds of New Guinea and the Adjacent Papuan Islands

新几内亚和邻近巴布亚群岛的鸟类

版本信息

1875–1888 by Henry Sotheran & Co., London

没有哪个地方比新几内亚为世人展现了更多新奇的鸟类。

近百年，新奇与新几内亚同在，那里的动物被一一公布于世。所有的博物学家竞相踏上这块土地，哪怕是暂时没有机会的学者也梦寐以求到此一游。古尔德先生认为天堂鸟本身就是巴布亚地区最神奇的鸟种，而它的出现再次证明我们将此地独立于澳大利亚地区来进行研究是明智之举。

澳大利亚北部和新几内亚地区自然有很紧密的联系，因此两地共有很多物种。

在现阶段，没有哪个地方比新几内亚为世人展现了更多新奇的鸟类，而每次在此地的群山中探索都会收获颇丰。30 年来，这一地区的鸟类志不断发展，各国旅人仍在进一步揭晓其中奥妙，以下是其简要的历史。

1858 年，英国律师兼鸟类学家斯克雷特先生发表新几内亚动物学论文。他走访了巴黎博物馆和莱顿博物馆，并研究了来自新几内亚的标本，之后绘制了一系列图画，哺乳动物10种，鸟类170种。对哺乳动物的研究程度，我不便做评价。1865年，另一部作品《新几内亚及其栖息者》问世，作者芬奇先生收录了15种哺乳动物和252种鸟类。诚然，30年的研究尽管卓越，距离此地博物志的完善还有距离。

意大利鸟类学家萨尔瓦多曾出版《巴布亚的鸟类》。在本书中，古尔德先生便收录了300种萨尔瓦多书中描述过的鸟类，并为其配画。

斯克雷特先生在回忆录中曾描述了早期在新几内亚探险的细节。起初被带回的天堂鸟经常是支离破碎的，而有些则被画在书籍当中。林奈时期还不知道此地有何种鸟类。我们真正接触到巴布亚的鸟还应归功于法国探险家松内拉特，他1771年到达那里，收集了一些植物和动物。1776年，他在《新几内亚北部游记》中记录了自己的发现。1824年，法国探险船只到此收集了55种鸟类，其中大多数是之前科学界没有记录的，后由雷森先生描述。

不过荷兰人在19世纪下半叶于此活动频繁，而新几内亚西部本身就是荷兰的地盘。因此荷兰的莱顿博物馆藏品可谓傲人。许多标本图画都是由动物学家特明克绘出的。

在斯克雷特写作回忆录为新几内亚动物学正名的同时，英国博物学家华莱士也在马来群岛探险考察。他的很多发现其后都被乔治·格雷收入了自己的作品《新几内亚鸟类名录》里。后来芬奇先生在著作《新几内亚及其栖息者》中收录了更完整详细的哺乳动物和鸟类。

在华莱士激励下，荷兰政府开始出资在巴布亚常年进行动物学探索。前去的旅人们收集了大量的标本，为世界博物史带来了极大的新意。而继华莱士之后，英国人也开始前进到新几内亚东方的外围岛屿探奇，在所罗门群岛，他们发现了许多新的鸟类物种，收集了不少标本。此外，新几内亚西边更多地区也成为欧洲人涉猎的范围。除了他们，澳大利亚人也为该地区的博物史做出了很大贡献，他们甚至到达雅斯陀蕾伯山并发现了一些奇特的生命。这里的动物具备独有的特点，是当地小生态塑造出来的。

如今，出版物层出不穷，对某种单一鸟类进行写作传播绝非易事，而就任何地区的鸟类进行完整的著述更是烦琐枯燥。在热那亚的奇维科博物馆陈列着最全面的标本，加上意大利探险家们不断补充，新几内亚的鸟类志最终得以完成。

（编译自约翰·古尔德《新几内亚和邻近巴布亚群岛的鸟类》一书的序言）

古尔德手持天堂鸟标本

阿法六线风鸟

显而易见，探险家最近的研究增进了我们对新几内亚鸟类的了解。一百年以前，蒙贝利亚尔曾画过这种鸟。直到三四年前，我们对它的了解还是空白，仅知道它曾被收集到欧洲，连确切的发源地也不得而知，但可以断定它是一种新几内亚鸟类。第一个完整捕获阿法六线风鸟的是罗森贝格男爵，他在新几内亚北部地区发现这种鸟。此后，梅尔先生曾将几只标本带到欧洲，使我得以作画并收藏。

莱森的书《天堂鸟博物志》中绘有雌雄阿法六线风鸟。博物学者艾略特先生在其作品中也画过雌鸟的插图，效果更好。最近，由密歇根大学斯迪瑞教授提供标本，我得以观察到这种鸟。以下是阿尔伯特为此写的评论：

“尽管该鸟已经存世多年，关于其信息尚不确切，皆是片段。我在野外观察它们，并研究了其活标本和死标本。它们分布在新几内亚北部海拔 3600 英尺的山间。我很少看到成熟雄鸟和雌鸟或幼鸟共处，除了在幽深的森林中。雌鸟和幼鸟常出现在地势较低的区域。这种鸟尤为吵闹，以各种水果为食，尤其是山地里盛产的无花果。偶尔也见过它们吃肉豆蔻。它们喜欢清洁自己绚丽的羽毛，通过伸展梳理保持干净。由于冠毛有六根，因此得名阿法六线风鸟。它们古怪的动作和尖声叫嚷，似乎在和假想敌战斗。我有一副雄鸟的骨架标本，从中可以发现这种鸟的肌肉结构并了解它们是如何竖起头上羽毛的。它们颈部的羽毛在阳光下折射出华丽的金属光晕。阿法六线风鸟的眼睛泛蓝光，内有黄绿色。”

十二线风鸟

学界对十二线风鸟的了解已有很长一个时期。除了目前的名字，在许多著作中，它还有很多其他名称，在此就不一一列举了，读者感兴趣可以再做查阅。十二线风鸟是天堂鸟的一种，其鸟喙形状细长，肋部羽毛修长，呈黄色，每边有六根线状羽毛，以此得名十二线风鸟。遗憾的是，其肋部的黄色会在死后褪色发白，大大减弱原始的绚丽。

据悉，十二线风鸟是新几内亚的特有鸟种。从阿尔伯特带回的众多标本中，可以推测其在当地数量庞大。它们喜欢独居，常待在树木的枯枝上，日出时分发出鸣叫，日间沉默。华莱士先生在其书中写道：

“十二线风鸟分布在新几内亚西北部，它们喜欢开花树木，在花间活动。其动作敏捷，很少长久待在某一棵树上，而是不断变换处所，速度极快。很远处便能听到它们的叫声，每次叫五六声，然后飞走。雄鸟尤其喜欢独处，与真正的天堂鸟酷似。我的助理艾伦先生曾捕猎这种鸟并解剖，在其胃中发现花蜜。当然，它们还吃水果和昆虫。在一次观察活标本时，我发现它很喜欢蟑螂和木瓜。这种鸟在中午将鸟喙垂直朝上，原因不明。舌很长，可伸缩。”

这里引用夏普先生《鸟类名录》中的描述：

“雄性十二线风鸟上体黑色，在阳光下泛亮绿色光泽；翼覆羽和次级飞羽紫色；尾部紫色；头部羽毛柔软，上部紫色，脸和喉部的两侧亮绿色；胸部黑色，像盾牌形状；横向羽毛都有绿色边缘；下体其余部位米黄色，肋部羽毛修长如丝绸；鸟喙黑色。身长 12 英寸，翼长 6.45 英寸，尾长 3.15 英寸，跗跖 1.75 英寸。

“雌性上体栗色；颈部黑色；冠羽和颈背黑色，羽毛如天鹅绒般柔软，在阳光下有紫色光晕。翼覆羽和次级飞羽栗红色；尾部栗色；眼周围裸露；耳覆羽黑色；脸侧灰白色，有黑色斑点；其余下体米褐色；翼覆羽下为亮栗色，带有黑色横纹。身长 12.5 英寸，翼长 6.5 英寸，尾长 4.3 英寸，跗跖 1.7 英寸。”

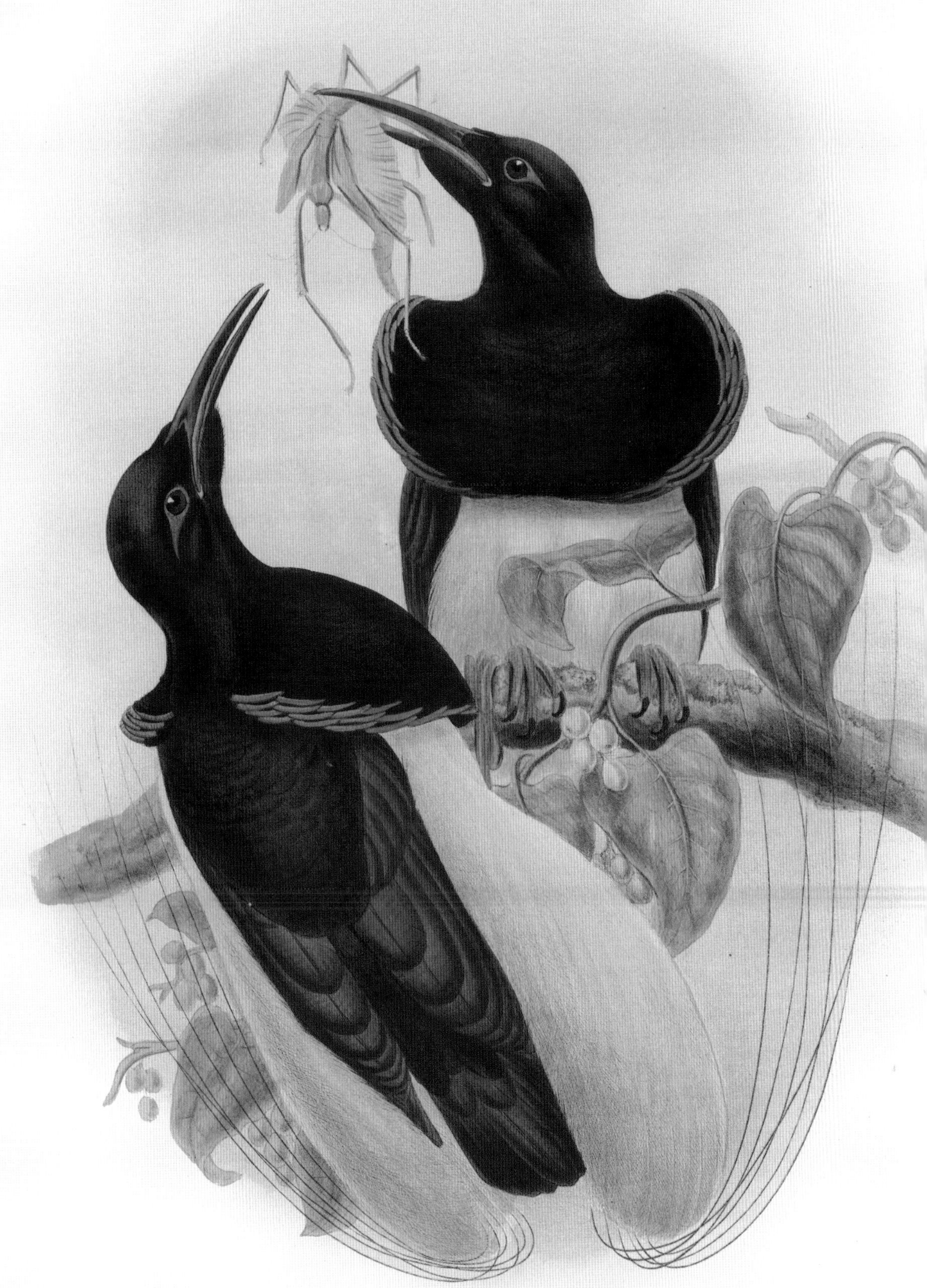

丽色极乐鸟

丽色极乐鸟的发现者目前无从考证，但松内拉特应该是首次将其介绍到博物学界的，他在探险中收集了这种鸟类并带到欧洲。在过去的十年中，博物馆里只有它的皮毛标本。最近，在一批荷兰博物学家的帮助下，一系列保存完好的鸟皮被运到欧洲，如今陈列在大英博物馆和我个人的藏品柜中。从运来的鸟皮数量看，丽色极乐鸟在当地很常见，有不同的命名。罗森贝格男爵发现它们栖居在新几内亚岛的东岸及附近小岛。至今学界对其习性还不甚了解。华莱士先生在书中曾记述：

“据观察，我们确定，这种神奇的鸟的羽毛可以立起并呈现出惊人的姿态。其下体的羽毛呈半圆形，黄色部分竖起，极其特别。它的脚是深蓝色的。”

金翅天堂鸟

我曾长时间寻找这种鸟，在得到标本后借给艾略特先生绘画。他本人将此鸟归为丽色极乐鸟的一个亚种，以下是他的记述：

“这种鸟和其他天堂鸟的唯一区别就是翅膀是金色的。但体形上它们和任何天堂鸟都很接近。它们的来源尚不明确，我们可以将其称为黄翅天堂鸟。”

此处引用艾略特先生的点评仅说明其个人看法，我本人并不认为金翅天堂鸟只是亚种。我收藏了两只雄鸟，它们长相酷似。我的看法是金翅天堂鸟完全独立于丽色极乐鸟，是一个新鸟种，而科学界很快会找出它们的产地。

黑嘴镰嘴风鸟

我们曾一度怀疑新几内亚东南部的镰嘴天堂鸟和阿法山脉中的那些是不同鸟种，因为前者的尾羽颜色要浅得多。收藏者们直到最近才将雌雄黑嘴镰嘴风鸟收集齐全。悉尼的本内特教授潜心研究此地鸟类，为大英博物馆贡献了自己的标本。1883年 12 月，斯克雷特先生将它们展示给动物学会，并给它们取名黑嘴镰嘴风鸟。

悉尼博物馆的藏品多由学者拉姆齐捐赠，他还增添了鸟的巢和卵。在描述中，他写道：

“其鸟巢平浅而且薄，建在细枝丫的交接处，大约 1 英寸深，由红褐色线状草组成，底部是黑色草根。它们的卵长 1.37 英寸，宽 1 英寸；奶白色，有斑点。”

ASTRAPIA NIGRA.

J. Gould & W. Hart, del. et lith. Walter, Imp.

黑蓝长尾风鸟

许多作者已试图完成归类和定义天堂鸟家族的艰巨任务，同样难以归类的还有犀鸟和杜鹃，比如有人把澳洲的园丁鸟归为风鸟，但夏普先生就不这么认为，他感觉它更接近画眉。也有人将其归类为镰嘴风鸟，而我觉得它的嘴和镰嘴风鸟的修长鸟喙有差别。毕竟，我们要清楚，一个属不可能涵盖千差万别的鸟种。

对黑蓝长尾风鸟，我们了解甚少，但一位捕鸟人贝卡里先生曾这样记录过："这种鸟仅在高耸的山上被发现过，这里海拔有6000英尺。它们大多羽毛深色，吃露兜树果实，虹膜黑色。颈部羽毛可以竖起，像一个漂亮的衣领。"

黑蓝长尾风鸟分布在新几内亚西北部，也有人说在附近的岛屿也见到过它们。以下是夏普先生《鸟类名录》中的介绍："雄性黑蓝长尾风鸟上体黑色，羽毛柔软，带紫色光泽，羽翼外围黑色；尾羽黑色，在特定光线下折射出黑色的波纹，中间两枚尾羽很长，带紫色光泽；后颈翘起绿色盾形羽毛；两边竖起黑色天鹅绒般羽毛；喉部黑色，从眼后到颈侧有金铜色条纹；下体其余地方为鲜艳的草绿色，胸部横羽为绿宝石色；身侧，翼下和尾覆羽漆黑色，鸟喙和跗跖黑色；虹膜黑色。身长28英寸，翼长8.8英寸，尾长7英寸，中间尾羽长18英寸。"

大极乐鸟

大极乐鸟由林奈为其命名，我的收藏中有它们的鸟皮，不过在过去20年的鸟类收藏中，很多鸟的脚都被错误安置了。原因是被运到欧洲时这些标本常常是支离破碎的，没有脚甚至翅膀，所以当华莱士带来保存完整的标本时，研究者们感到如获至宝。华莱士曾在《马来群岛考察记》中记述：“最早期的欧洲探险者们到达马鲁古群岛寻找丁香和肉豆蔻这些珍奇香料，他们见到稀有漂亮的鸟皮，唤起了探索的野心。马来群岛的商人将它们称为上帝之鸟，葡萄牙人叫它们太阳鸟，而博学的荷兰人叫它们极乐鸟。荷兰旅人约翰·林斯腾说没人看到过活着的大极乐鸟，因为它们在空中生活，总是向着太阳，直到死才落地，因为它们没有脚和翅膀。它们被带到印度、荷兰，但在欧洲确实少见。一百多年后，有人见到过大极乐鸟吃肉豆蔻被毒死，掉在地上被蚂蚁分食。直到1760年，当林奈为其命名时，这种鸟尚未在欧洲出现过，更没有相关信息。即使是现在，大多数书籍也只是提到它们每年迁徙等不确定的传说。事实上，大极乐鸟是一种非常活跃好动的鸟类，整日都在活动。它们数量庞大，尤其是雌鸟和幼鸟，经常能见到。它们叫声很大，很远就能听见。其筑巢信息我们暂时不了解，但当地人告诉我，它们用树叶在高树上筑巢，每次似乎只抚育一只幼鸟，当地人没有见过它们的卵。大极乐鸟在一二月份脱羽，到了5月，就能长出新毛。雄鸟会在清早聚集展示自己，这是一个捕猎的好时机。”

据了解，大极乐鸟分布在新几内亚附近岛屿，也有可能生活在岛内的南部地区。图中的鸟是我和哈特先生极其细致画出的作品，呈现了每一个可能的细节。它们肋部的羽毛很长，为黄色；颈前部黄色。雌性胸前为褐色。

PARADISEA APODA, Linn.

PARADISEA RAGGIANA, *Sclater.*

J. Gould & W. Hart del. et lith. Walter imp.

红羽极乐鸟

观其所有，我认为红羽极乐鸟是最好看的。此地竟然有如此硕大且绚丽的鸟类，说明学界对这里的探索还未结束，未来将会有更多奇迹。

红羽极乐鸟与巴布亚极乐鸟并非同种，前者分布在新几内亚南部，而后者在北部。阿尔伯特探索的地方便是它们的栖居地，所以我们很快便能得到不少标本。阿尔伯特曾在信中提道："我的远行很有收获，机会很好，因为我找到了红羽极乐鸟并收集到了标本。它们的声音、动作和态度都与同属鸟类相似。它们以果实为食物，据我观察，未见其捕食昆虫。这种鸟喜欢森林茂密地区，雌性体积略小，和大极乐鸟相仿。雄性幼鸟有黄色脖领，至成熟将喉部与胸部的绿色区域分开。虹膜为亮黄色。和其他极乐鸟一样，它们生性好动，但也很机敏。"

戈氏极乐鸟

每次发现新的极乐鸟都令博物学界振奋，尤其是发现像戈氏极乐鸟这样绚丽的物种。戈氏极乐鸟分布在佛格森岛。它们的叫声很像红羽极乐鸟，动作也极相似。但在这里并没有见到过红羽极乐鸟，说明二者的生存地区有差异。

戈氏极乐鸟肋部羽毛红色；背部黄色；胸部黑色；喉部绿色，没有黄色脖领。现在大英博物馆里有收藏。以下是其他探险家的记录："戈氏极乐鸟具备极乐鸟的特征，幼鸟和雌鸟相似，但是喉部为绿色。它们身侧的羽毛很特别，前部很短，而后部很长，呈鲜艳的红色。其胸部羽毛有淡淡的紫色，喉部的绿色羽毛柔软，分为两片，从下巴处分开。它们换羽的阶段因鸟而异，有的先从胸部开始，有的从尾羽开始。"

W. Hart del. et lith.

PARADISEA DECORA, Salv. et Godm.

Mintern Bros. imp.

巴布亚极乐鸟

有人管它叫小极乐鸟，但因为还有一种鸟叫小极乐鸟，我个人觉得这叫法不妥。再者，华莱士带回的标本中，这些鸟身形很大，所以我坚持称其为巴布亚极乐鸟。已经有两次活鸟被带到英国的历史，收养在动物学会的花园里。一只由华莱士带来，另一只由一个法国探险者带来。

以下是巴特雷特先生在动物学会的花园中的观察记录：“1862 年 4 月，这种鸟到达花园，它们的羽毛很短，大约 5 英寸长，已经开始换羽。新毛还在生长。它们健康状态良好，活泼好动。这些鸟喜欢吃肉虫和其他昆虫，也爱果实、煮熟的大米，甚至熟肉。它们在笼中跳跃的样子很像乌鸦。它们喜欢洗澡，经常梳理自己的羽毛。两个月间羽毛便丰满了，很是养眼。鸣叫时身体前倾，翅膀打开，头部上扬。它们有时互相攻击，所以我们用铁丝将它们分开。很快这些鸟就被驯服，能够从人手中取食。”

古尔德：蜂鸟

作　者

John Gould

约翰・古尔德

书　名

A Monograph of the Trochilidae, or Family of Humming-Birds

蜂鸟研究专论

版本信息

1861 by Taylor and Francis, London

对蜂鸟家族进行博物学调研，我乐此不疲。

思绪入流，初见蜂鸟的记忆仍历历在目。刚刚收藏到蜂鸟时，的确被这造物迷住，惊叹于它的微小与灿烂，羽毛之鲜艳和体态之轻盈。逐渐地，我开始着意接触这种灵巧的鸟种，又有幸研究了已故的乔治・罗蒂杰斯的蜂鸟收藏。我们都为这种鸟痴迷，以收藏它们为乐趣。研究蜂鸟给予我难以言喻的欣喜，纵使人对某件事物的热情会随时光消逝，但对蜂鸟家族进行博物学调研，我乐此不疲。相信与我有共鸣者不在少数，20 年的考察岁月恍然若梦，依稀记得与蜂鸟初相遇的心情，似乎与现在毫无二致。白日里我为其思考，夜晚依然为它们魂牵梦绕，并屡次被带到遥远的美洲，它们生活的故乡。

努力求索的博物学家定会到实地寻找，而我最终也到达蜂鸟的自然栖息地，在美国和加拿大的森林花丛中观察这种鸟。一次我沿路追随某种蜂鸟，最终成功捕到一对带回英国，遗憾的是因缺少合适的气候与食物，两日内便死去了。

威廉·罗蒂杰斯的去世令人惋惜，也因此，我萌生了继续收藏并记录蜂鸟历史的念头。诚然，罗蒂杰斯的蜂鸟收藏是无人能及的，他去世后，我竭尽所能，最终成为蜂鸟收藏第一人。1851 年，这些藏品曾在动物学会的花园里展览，来往的访客都啧啧称奇，相关杂志接连对此撰文报道。之后，每当有探险者从德国、法国或者美国带来蜂鸟，我都努力将其收藏。夸赞某位探险家或许挂一漏万，毕竟每位深入新世界森林搜寻珍稀禽鸟的旅人都功不可没，多亏这些人为博物学不断增添信息，才有了我和罗蒂杰斯先生这样充足的收藏。遗憾的是很多鸟类我尚未亲自在野外研究过，这就是旅行者与博物学家之间难以协调的尴尬。

当然，这样一部著作必须在伦敦这样的大都市方能得以出版并受到关注，这里有其他任何地方都无法提供的时间和资金支持。伦敦和巴黎等首都城市承担了博物学书籍的发行工作，也聚集了大量名副其实的人才和素材。

成书期间，我曾多次尝试用绚丽的色彩展示蜂鸟的可人之处，但都不尽如人意。然而我加大投入，不惜成本地进行试验，极大提高了画面效果。与此同时，美国的百利先生在大洋彼岸为之努力着，虽然我没有采纳他的方法，但毫无疑问，那同样也是可行的。如今，我仍经常回忆起在费城与他共度的愉快日子。在他的陪同下，我第一次见到活的蜂鸟，在那片神奇的土地上大饱眼福。

1862 年 9 月 1 日

通过12年不间断的工作，我不遗余力解说蜂鸟的精彩。

经常有人问：蜂鸟的得名因何而来？我的回答是：因为此类鸟大都翅膀扇动迅速，尤其是体形小的蜂鸟，在空中飞行时会发出蜂鸣声，从很远的距离便能听见，于是英国人将其命名为蜂鸟。在法语、德语、拉丁语和其他语言中，它有各式各样的名称，但基本的意思还是围绕其特点，如“阳光、日间的明星、嗡嗡的鸟”。

瑞典博物学家林奈曾将这种鸟命名为Throchilus，当地古代语言中意为绚丽的小鸟。同时代的布里森提出了两种建议，Polytmus和Mellisuga，但一直悬而未决。比起林奈当年的努力，我们现在可以更准确地进行研究。林奈在他的著作《自然系统》的第12版中，列举了22种蜂鸟，至第13版已经达到67种。我确定了其中的三分之二，而余下的还是个谜，不得不在科学作品中将其删去。有些蜂鸟的出处有误，而另一些完全是凭空想象的。无法获得标本鉴定，博物学家难以继续研究，在此特地说明为何我没有把这些先辈提到的所有蜂鸟都收录进来。日后若能增添名单，我们还会适时出版。

1790年，拉瑟姆在其著作《鸟类索引》中收录了65种蜂鸟，但相比之前林奈的作品条目并未增多。随后出版的《鸟类简史》第三卷中有85种，三分之二确有其鸟，其余无迹可寻。书中对它们的描述也模糊不定，甚至不能鉴定它们是否属于蜂鸟目。

1802年问世的法国作品《现今的鸟》中，作者奥德波特收录了70张蜂鸟图。画中展示了过去罕见、当下普遍的蜂鸟，色彩细致入微，突显了这种鸟的特别之处。虽然有些不能被鉴定，但大多数是能够找到的。

1823年，法国博物学家邦纳特出版《自然百科图解》，书中蜂鸟的种类达到94种，不过并未有相关习性的介绍。几年后，雷森先生的《鸟类博物史》《蜂鸟》等作品极大地帮助了我们对此鸟进行研究。不过70年来，对于蜂鸟的研究步履缓慢，鲜有新内容。

在美洲，洪堡等旅行者前赴后继，都注意到了蜂鸟的特别与绚丽，为蜂鸟的研究提供素材，又带回不少欧洲标本。在安第斯山脉，他们到处遇见这些可人的小鸟，丰富了关于它们的知识。法国人和比利时人捕获了许多蜂鸟，这在当地已成为稳定的产业，他们剥掉蜂鸟的皮，贩卖到伦敦和巴黎，有的作为装饰，有的则供科学研究。印第安人对剥制和防腐技术掌握已久，他们会到深山野林去捕捉蜂鸟。巴西的一些居民也雇用自己的奴隶去收集蜂鸟，然后剥制防腐再出售到欧洲。每年从里约热内卢等地过去的产品多达上万。可以想象在野外到底有数量多么庞大的蜂鸟存在。粗略评述后，我将在下文介绍这种鸟的简史、分布以及其他相关信息。

雷森先生曾坦言："起初提到蜂鸟的是那些到过美洲的探险家，他们并非为了研究，而只是去淘金。所以他们的描述流于肤浅，未能揭示博物史，多亏老一辈博物学家在17世纪用心记录了这些知识，我们尚能从一些著作，比如内伦堡的多卷本博物志中查到蛛丝马迹。然而由于信息过于碎片化，我们这里不便引用。17世纪末，有一批专家对蜂鸟进行了相对完整的描述，但业界真正熟悉蜂鸟的历史已经是18世纪初了。"

即便伟大如林奈先生，对蜂鸟也知之甚少。林奈从库克船长那里了解到这种鸟生活的地域广泛，北部可至努特卡湾，南部的牙买加等岛国也有。它们活跃在各地，致使人们对它的了解都是片断的。巴西的雨林、亚马孙的棕榈林，以及墨西哥的一些地区，探险者仍未敢涉足。新世界到处是处女地，居住者都是那些印第安的原始部落。安第斯山脉纵贯美洲，孕育了数不胜数的物种资源，漂亮的蜂鸟家族便在其中，它们内部有很大差别，从北方直到赤道地区，数量激增。高山巍峨，不同海拔导致物种变化。高原地带的特有植被中生长着蜂鸟家族中的一支，它们不喜炎热甚至躲避温和的气候；火山地区的动植物也呈现出自身特质，此处的蜂鸟自然也不相同。探险者在这些地区获得大量蜂鸟标本，增加了博物学知识。

有人常将四百多种蜂鸟归为一类，原因是它们都体形小巧。事实上，对其稍加研究便很快能够发现这不是真的。即使是长相酷似的雌鸟，也能找出区分的证据。这也是我们命名一种蜂鸟的根本。在经手的数千只蜂鸟中，我尚未发现任何一只是不同蜂鸟杂交的后代。通过12年不间断的工作，我不遗余力解说蜂鸟的精彩，本书汇集近20年研究成果，向读者逐一展示。

当前，一部分人号称在印度和非洲见到过蜂鸟，还迎来许多拥护者。甚至最近出版的一些书籍中也有作者提到此事。我曾与一位绅士激烈争论过蜂鸟的来源，他坚称英国也有蜂鸟，并亲眼在德文郡见过。其实，那是一种名叫天蛾的昆虫。而在印度和非洲发现的那些是太阳鸟，一种完全不同的鸟类。它们与蜂鸟没有亲缘关系，只是体形和羽毛有些相似罢了。必须声明，蜂鸟产自美洲地区和其附属岛屿。煌蜂鸟可以北至锡特卡。棕煌蜂鸟和红喉北蜂鸟在北部高海拔地带度过暑季，但前者是沿西边迁徙过去，而后者选择从东方过去。尽管蜂鸟的迁徙范围广泛，我仍相信这种鸟禁不住长时间飞行，尤其是它们不具备飞越海洋的能力。所以我推断它们是经过分阶段的旅行最终到达的，太阳的走向会影响并指导它们的飞行。

北美洲据说有两种蜂鸟，分布在东西部。奥杜邦曾在著作中提出另外两种，但后来鲜有实例出现。这也不排除偶然性，但他提出的那两种鸟，如芒果蜂鸟主要还是发源于遥远的南部。

从北向南，我们会遇到其他种类的蜂鸟，如安氏蜂鸟、科氏蜂鸟、宽尾煌蜂鸟等。这些都是候鸟，但其迁徙跨度相对小些。越往南，蜂鸟的种类越多。由于山地高海拔提供了各种气候环境，蜂鸟可以根据自身特点找到栖息地。除了候鸟，蜂鸟目中还有些会根据树木的花期短距离改变居处，东奔西走。

在新格拉纳达，探险者发现了一些最漂亮的蜂鸟，这里的深山赋予它们独特之处。这里河流纵横，与海湖相连，形成得天独厚的景观。它们繁衍在沿河的潘普罗那镇附近。而在波帕扬等地也聚集着大量的蜂鸟。当地的印第安人捕鸟，进而将其出售到欧洲和美国。由于来自不同的小生态，即便毗邻地区的鸟种也会显示出特有的差别。这里就不一一陈述了。

钦博拉索山东部河流密布，与亚马孙相连，丛林茂密，水源充足，孕育了数量庞大的蜂鸟。即便是高山雪原，据说也发现过它们的踪迹。波塞尔先生在此捕获过紫巾山蜂鸟，后来由我收藏。由于当地特有植被中的昆虫是其食物来源，某些蜂鸟每次都迁徙至此。对高原的蜂鸟，我一直心怀爱慕。它们英姿绰约，着实动人。

以上陈述了蜂鸟从北至南数量和种类的增加，以及小生态对其亚种的影响。无论南北，蜂鸟的迁徙是不变的。然而从赤道再往南，它们的数量开始减少。毫无疑问，这和那边干燥贫瘠的生态环境关系密切。像秘鲁等国，昆虫稀少，自然不会产生许多蜂鸟。不过弥补数量的是这里蜂鸟的漂亮。秘鲁和玻利维亚地区特有的鸟种，尾翼好似扫把，除此以外，智利还有体形最大的蜂鸟。在气候湿润的智鲁岛上，遍布着以上提到的这些鸟。

接下来我愿介绍一下赤道南北各纬度山脉中的蜂鸟，这里几乎囊括所有的种类。在墨西哥高地和巴拿马带状土地上，我们从高原处发现了珍奇鸟类，这是低海拔国家如巴西、西印度群岛等不具备的。离开安第斯山脉，我们便要和这些体积最大、最漂亮的蜂鸟告别了。而在巴西，也生活着一些独特的蜂鸟。有一种蜂鸟，最爱活跃在幽闭的林间，其四分之三的数目都在巴西境内。然而，亚马孙那些丛丛棕榈覆盖的地域，并不适合蜂鸟生存，那里蜂鸟的种类不超过 10 种。

简略了解过蜂鸟的分布之后，我们再来看看西印度群岛，这里存有安第斯山和其他南美各地未曾出现过的蜂鸟亚种。古巴有 3 种，其中一种极为小巧可爱。而巴哈马地带的一个岛上有大量这种鸟，分布在拿骚附近。但它们从不飞到其他岛屿或大陆生活。

牙买加地区有 3 种极其迥异的亚种，博物学家们都很疑惑它们是怎样来到此地的。这些蜂鸟不像是杂交的后代。英国对牙买加蜂鸟的认识已有多年，博物学家古瑟先生在此地深入观察过这些鸟。

或许有人会问，目前对蜂鸟的认识如何？是否不会再从美洲发现新物种了？我的答案是：很有可能尚有超乎我们认识范围的物种存在着，而这仍需要时间去证明。无论在这条路上我做过什么贡献，也只是抛砖引玉罢了。后来者们一定会完善此领域的知识，走得更远。

（编译自约翰·古尔德《蜂鸟研究专论》一书的前言、序言）

A MONOGRAPH

OF

THE TROCHILIDÆ,

OR

FAMILY OF HUMMING-BIRDS.

BY

JOHN GOULD, F.R.S.,

F.L.S., V.P. AND F.Z.S., M.E.S., F.R.GEOG.S., M.RAY S., CORR. MEMB. OF THE ROYAL ACADEMY OF SCIENCES OF TURIN; OF THE SOC. OF THE MUSEUM OF NAT. HIST. OF STRASBOURG; FOR. MEMB. OF THE NAT. HIST. SOC. OF NÜRNBERG, AND OF THE IMP. NAT. HIST. SOC. OF MOSCOW; HON. MEMB. OF THE NAT. HIST. SOC. OF DARMSTADT; OF THE NAT. HIST. AND THE NAT. HIST. AND MED. SOCS. OF DRESDEN; OF THE ROY. SOC. OF TASMANIA; OF THE ROY. ZOOL. SOC. OF IRELAND; OF THE PENZANCE NAT. HIST. SOC.; OF THE WORCESTER NAT. HIST. SOC.; OF THE NORTHUMBERLAND, DURHAM, AND NEWCASTLE NAT. HIST. SOC.; OF THE IPSWICH MUSEUM; OF THE GEN. SOC. OF GERMANY; OF THE DORSET COUNTY MUSEUM AND LIBRARY; OF THE ROYAL UNITED SERVICE INSTITUTION, ETC.

IN FIVE VOLUMES.

VOL. I.

LONDON:

PRINTED BY TAYLOR AND FRANCIS, RED LION COURT, FLEET STREET.

PUBLISHED BY THE AUTHOR, 26 CHARLOTTE STREET, BEDFORD SQUARE.

1861.

《蜂鸟研究专论》扉页

晚年古尔德

EUTOXERES AQUILA.

J. Gould and H.C. Richter del. et lith.

Hullmandel & Walton Imp.

白尾尖镰嘴蜂鸟

目前已存的白尾尖镰嘴蜂鸟在英国有两只，一只在罗蒂杰斯先生的藏品中，另一只被我收藏。我认为罗蒂杰斯先生的藏品是直接从圣菲波哥大运来的，尤其特别的是，此鸟的头和身体是分着来到这里的。我收藏的这只白尾尖镰嘴蜂鸟是在中美洲贝拉瓜地区由著名探险家华茨维茨先生捕获的。

波塞尔先生针对罗蒂杰斯的标本进行过描述，而书中的绘画是按照我的标本创作的。作为铜色蜂鸟属的一名成员，这种鸟雌雄差异不大。很明显它们特别的嘴形是别有功能，据我们推断，那是为其自深深的花心里获得食物配备的。

目前我们还不了解它的习性，希望在本书截稿之前有更多信息被证实，以补充我们的不足。

白尾尖镰嘴蜂鸟头顶黑褐色，羽毛梢部渐变成米色；颈后部、背部、翼覆羽和尾上覆羽深绿色；羽翼紫褐色；靠身体最近的次级覆羽端部有米白色三角形斑点，依次渐小。中部尾羽绿色，带有白色端部，其他尾羽外围绿色，内里绿褐色，端部白色；下体黑褐色，间有深米色纹路，腹部和肋部纹路白色；尾下覆羽褐色；鸟喙黑色，基部黄色。

图中为其两种姿势，背景植物为水桶兰。

棕胸铜色蜂鸟

蜂鸟专家普遍认为棕胸铜色蜂鸟与另一种铜色蜂鸟极其相近，至今仍在考察它们是否不同的种。近二十次研究一系列此鸟之后，我仍难断定它们是完全相同，还是构成两三个亚种。在前人出版的作品中，资料混淆不清，我无法寻求帮助。不过仔细观察标本后可以认为，铜色蜂鸟应有三个亚种：一种主要分布在巴西东部，远至圭亚那和特立尼达岛；另外一种分布更加广泛，尾羽上白色端部面积更大，下体红褐色，在圭亚那和西印度群岛都曾见过；第三种与第一种更为相近，源自圣菲波哥大，它们腹部发绿，尚未有名字。

棕胸铜色蜂鸟雌性体形偏小。它们很多尾部稍尖，尾羽端部白色，幼鸟的白色更明显。波塞尔先生讲过，棕胸铜色蜂鸟生活在巴西，喜欢幽暗潮湿的树林，从兰科植物的花朵中采集食物。

棕胸铜色蜂鸟上体、颈侧、翼覆羽和尾上覆羽皆为绿色，头顶褐色；尾羽间有灰色；羽翼紫褐色；中间两枚尾羽绿色，至端部黑褐色，尖部白色；横向尾羽深栗红色；喉部、尾下覆羽深栗红色；上喙和下喙端部黑色，基部黄色；跗跖黄色。

领蜂鸟

领蜂鸟和龙氏领蜂鸟外形酷似，但它有一些明显的特质：体形较大，更有力量；鸟喙更短；尾部完全黑色，成叉形；头冠部绿色；背部下方有棕色光泽；胸侧和腹部下方深草绿色。厄瓜多尔和秘鲁北部是它们的故乡，我未曾见过圣菲波哥大有这种鸟。波塞尔带了许多领蜂鸟回到欧洲，我曾研究过一些漂亮的雄鸟。

雄性领蜂鸟额头有绿色斑点；头冠、上体和腹部深绿色；眼后部有白色小斑点；下巴黑色；喉部紫红色；腰部和尾上覆羽绿褐色；背中部、翼覆羽和下体绿色；颈侧黑色；飞羽黑色；尾部蓝黑色；尾下覆羽白色；鸟喙黑色；跗跖褐色。

雌性前额有斑纹；头部、上体和两枚中间尾羽铜绿色；横向尾羽黑色；喉部有黑褐色斑点。

斑尾髭喉蜂鸟

这种蜂鸟产自中美洲，数量稀少。我仅见过三只，两只是我自己收藏的，另外一只来自罗蒂杰斯。波塞尔先生也将其命名为鲁克蜂鸟，以纪念杰出的博物学家鲁克绅士，他热爱自然，有极高的艺术品位。

斑尾髭喉蜂鸟颜色并不鲜艳，但变化很多，尤其是尾部和胸部。我所收藏的两只是由一位专门从事安第斯山脉森林珍稀动物探险的旅行者带来的。为公平起见，我将其放在兰花丛中，从各个角度姿势作画。据观察，雌雄斑尾髭喉蜂鸟的差异不大。

头冠、颈部、肩羽、背部、尾上覆羽为深铜绿色；眼后斑纹黑色，眼上下有白色条纹；下巴深褐色；喉部中间有棕红色斑带；下体褐灰色，有铜色光泽；羽翼紫褐色；尾下覆羽铜绿色；两根中间的尾羽深绿色，端部白色；上喙黑色，下喙尖部黑色，基部黄色。

鳞喉隐蜂鸟

1831年雷森先生出版了他的《蜂鸟》一书，他本人只见过两只鳞喉隐蜂鸟，分别由他人收藏。之后，很多标本从里约热内卢被运来，可见这种鸟在巴西数量庞大。我曾研究过的鳞喉隐蜂鸟可达上百只，它们差别不大，只是雌性比雄性体形略小。然而在我的藏品中有两只在腹部下方有粉色羽毛，其中一只几近红色；其余的部位包括跗跖却与同类一致。目前没有资料解释此现象，但我仍相信它们是同种鸟类。

鳞喉隐蜂鸟头部深黑褐色，每片羽毛都有红色边缘；颈后部、翼覆羽和上体深绿色；飞羽紫褐色；尾部基部与背部相同，但至端部加深，呈黑色；横向尾羽带有白色斑纹；耳覆羽有黑色斑纹；鸟喙侧部呈米色；喉部黑褐色，边缘米色；整个下体灰褐色；上喙和下喙尖部黑色，基部橘色；跗跖褐黄色。

身长6.5英寸，鸟喙长1.5英寸，翼长2.5英寸，尾长2.5英寸，跗跖长0.25英寸。

以上是对雄鸟的平均值测量；雌鸟和雄鸟羽毛颜色一致，但体形更小；幼鸟从出生到成熟颜色不变。

据观察，我发现它们的巢都安在湿润有水源的阔叶树林中，如棕榈树间。鳞喉隐蜂鸟每次产卵两枚，白色。其巢精致小巧，由树根等材料建成。

东长尾隐蜂鸟

雷森在自己的著作《蜂鸟》中将这种鸟画得惟妙惟肖，但那只雌鸟很可能是照着铜色蜂鸟画的。这样的疏失令我惊讶，因为再肤浅的观察也不难发现，东长尾隐蜂鸟没有雌雄差异。

在林奈的年代，东长尾隐蜂鸟就已经被知晓。它是一种常见的蜂鸟，在欧洲已有百年历史了。它们产自圭亚那、苏里南等地，最远可至巴西。它们雌雄色彩无差别，但雌鸟比雄鸟体形略小。

东长尾隐蜂鸟头部、上体、翼覆羽铜褐色，头顶最深；耳覆羽黑褐色；飞羽深紫褐色；腰部和尾上覆羽有褐色条纹；横向尾羽基部铜绿色，端部呈箭形，稍显米色；中间的两根尾羽基部铜绿色，而后变黑褐色、白色；尾下覆羽米色；上喙和下喙端部黑色，下喙肉红色。

白须隐蜂鸟

作为蜂鸟属的新成员，白须隐蜂鸟产自厄瓜多尔气候温和的地带。波塞尔先生曾带过一些到欧洲。我的收藏中有些是詹姆逊教授从厄瓜多尔首都基多带来的。在基多地区，这是常见鸟类，喜欢栖居在森林边缘的小灌木丛里，以兰科植物中的昆虫为食。白须隐蜂鸟飞起来很优雅，性情温和。它们与绿隐蜂鸟酷似，但尾部更宽阔，全黑色。有些白须隐蜂鸟的眼上部有深红色斑纹，眼角处到颈侧有条颜色更浅的条纹，第三条在后部中央；不过非常老的白须隐蜂鸟没有这些斑纹。

该鸟头部铜褐色；上体、下体和翼覆羽绿色；飞羽深紫黑色；尾上覆羽绿色，有黑白两色新月状斑纹；尾部蓝黑色；中间两枚尾羽端部白色；尾下覆羽白色，端部发黑；上喙和下喙端部黑色，下喙基部肉红色；跗跖褐色。

未成熟的白须隐蜂鸟上体杂有褐色新月状斑纹；中间尾羽的端部白色更多，横向尾羽末梢都是白色；眼上有米色斑纹，眼下浅米色；下巴上有小块白色斑纹。

普拉隐蜂鸟

尽管普拉隐蜂鸟色彩不够艳丽，但其优雅的体形和尾羽对比强烈的斑纹值得注意。关于其历史和在原产地飞行时样子的记录，尚未找到。但可以推测，它们在绿意浓浓的植被中飞行时，深色的羽毛和背景一定形成很强烈的对比，使其显而易见。巴西的原始丛林是这种鸟最大的栖息地，更远它们可以飞到巴西南部的米纳斯吉拉斯。在来自里约热内卢的标本中我至今尚未发现普拉隐蜂鸟，因此推测那里不产此鸟。作为隐蜂鸟中体形最大的一种，普拉隐蜂鸟也是斑纹最明显的。

在观察中，我发现它们下喙的颜色变化很大，有红色、浅红抑或黄色之差。经对比，有可能在繁殖交配前期普拉隐蜂鸟的下喙颜色更红，而其他时候则呈黄色。在我的收藏中可见：雌雄普拉隐蜂鸟没有羽毛差异，但雌性体形较小。

该鸟整个上体深铜色，头部带有褐色光泽；飞羽紫褐色；尾上覆羽锈红色；两枚中间尾羽基部铜色，端部白色；眼上下有米色条纹；耳覆羽黑色；下体黄褐色，喉部有条纹；上喙和下喙端部黑色；下喙基部血红色。

乌顶隐蜂鸟

这种鸟和前面介绍的普拉隐蜂鸟很相似，难以区分。但无疑二者是有差异的。乌顶隐蜂鸟产自南美洲北部国家委内瑞拉，我从未见过圣菲波哥大等高海拔地区有这种鸟的收集。所以可以推断，乌顶隐蜂鸟喜欢低地国家的森林。它们的体形比普拉隐蜂鸟更小，上体的铜色略灰暗，中间尾羽更窄。1847 年，波塞尔先生首次描述了乌顶隐蜂鸟。它们雌雄差异很小，连体形都几乎一样。图中便是雌雄二鸟，背景植物是兰花草。

乌顶隐蜂鸟上体灰褐色，背部颜色加深；尾上覆羽锈红色；飞羽紫褐色；中间尾羽铜色，端部白色；眼上下有白色条纹；耳覆羽黑色；下体灰色，喉部变淡；上喙和下喙端部黑色，下喙基部血红色。

鳞斑蜂鸟

我曾认为鳞斑蜂鸟分布在加拉加斯、厄瓜多尔和秘鲁，但后来我发现自己将两种不同的蜂鸟错误地归类到一起了。加拉加斯的这个种类，如画中所示，在体形上要小于厄瓜多尔的种类，并且前者的尾羽更宽。那么到底哪种才是真正的鳞斑蜂鸟呢？我至今尚未确定。但我还是倾向于厄瓜多尔的那种。希望很快科学界会对此现象进行核实并正名。

经研究，鳞斑蜂鸟的雌雄外表无差异，它们下体无绚丽颜色，但是背部和上体异常光泽。

鳞斑蜂鸟整个上体铜绿色；飞羽深紫褐色；两枚中间尾羽绿紫色；下体米色和铜绿色相间，喉部有斑点。

爱德华·利尔：鹦鹉

作　者

Edward Lear

爱德华·利尔

书　名

Illustrations of the Family of Psittacidae, or Parrots

鹦鹉图册

版本信息

1832 by E. Lear, 61 Albany Street, Regent's Park, London

利尔：多才多艺的画家

爱德华·利尔（1812—1888），英国艺术家、插画家、音乐家、作家兼诗人。他的"荒唐诗""打油诗"闻名于世，别具一格。利尔在绘画造诣上分为三个方面：首先是受雇绘制鸟兽；其次是旅行彩绘，后期进行制版印书；最后就是为诗人丁尼生的诗集配插图。另外，利尔还从事作曲，为丁尼生的诗歌创作过音乐。

1812年5月12日，爱德华·利尔出生于伦敦附近村庄霍洛威的中产阶级大家庭。利尔在21个孩子里排行第20，由年长21岁的大姐安·利尔抚养大。大姐不单养育了他，并且在家教他绘画的基础知识。当时利尔的艺术天赋以及对博物学的兴趣已初见端倪。他喜欢在画中表现热带风景和奇异鸟类，这似乎预示了其最终的事业方向。

小时候，利尔便依靠卖画赚取微薄的收入，比如为医院画海报，获得几先令的报酬。在姐姐的鼓励下，他最终决定将画的对象从无生命的工厂、医院转向伦敦动物学会的标

爱德华・利尔画像

本。他从此找到兴趣所在，内心的审美意识与艺术野心由此一发不可收拾。令人愉快的是，这个欣欣向荣的组织还为他提供了自由撰稿人的职业机会。

16 岁时，利尔在绘画上的才华便初见端倪，并很快受雇于动物学会，成为鸟类画师。他还曾为德比伯爵工作过 5 年。《鹦鹉图册》是利尔第一部问世的作品，书中绘画得到了广泛认可，被赞堪比美国博物学家奥杜邦的作品。

在鹦鹉绘画声名远扬之后，利尔认为是时候另辟天地了。他结识了一些长期旅行欧洲和中东的艺术家，受到启发，他意图向风景画发展。德比伯爵或许更愿意利尔留在英国为动物学会继续绘制野生动物，但他也意识到利尔有权追求更广阔的艺术生命。1837 年，伯爵答应支持利尔到意大利做研究旅行，这不但对后者的健康有益，也成就了其专业造诣。尽管有些想念家乡的亲朋，英国严酷的气候比起意大利的阳光，还是逊色许多。在意大利自由的艺术气息中，利尔的健康和画功都得到提高。从早期严肃的博物绘画到最后一系列鸭与鸽子的作品，利尔的创作生涯有起有落。1831 年至 1836 年间是他创作的鼎盛期，其水彩画炉火纯青，完全实现了对象与媒介的融合。

旅行期间，利尔走访了希腊、埃及、印度和锡兰（斯里兰卡）等国家，别具一格地画出大量作品，经后期在工作室再加工继而出版。其风景画多描绘强烈的日光，色彩对比度很大。1878 年至 1883 年暑期，他在瑞士与意大利交界的山中度过，他在那里创作的油画《杰内罗索山的伦巴第平原》至今仍在牛津大学阿什莫林博物馆展出。作为一位多产的艺术家，他在旅行中共创作 7000 多幅水彩画，约 2000 幅室内水彩，300 多幅油画，

马萨达是犹太人的圣地，联合国世界遗产之一。位于犹地亚沙漠与死海谷底交界处的一座岩石山顶，爱德华·利尔 1858 年绘

400 幅博物绘画，5 部游记，2 部博物图志和 100 多幅插画。

作为音乐家的利尔会演奏手风琴、笛子和吉他，但最擅长的还是钢琴。他为许多浪漫主义诗歌谱曲，其中最著名的是为丁尼生的诗集谱写的曲子，曾得到诗人本人的青睐。

在文学方面，1846 年，利尔出版了《荒唐书》并经过三次再版。这种独特的文学形式很快得到推广，其中最著名的有《猫头鹰与猫》等。这种打油诗极其受欢迎，曾有人误以为爱德华·利尔只是个笔名，而真实的作者是其赞助人德比伯爵。

“无心插柳柳成荫”，今天我们记住利尔很大程度上是因为他的打油诗，这些当年为伯爵家的孩子们创作的娱乐之作，后人对它们的印象，要比对其严肃的艺术作品还要深刻。利尔起初拒绝承认自己是《荒唐书》的作者，唯恐这会影响自己作为职业艺术家和博物学家的名声。直到1861年第3版发行，伯爵对此书大加褒赞，利尔才公开承认自己的作者身份。

虽然更希望成为广受爱戴的艺术家，他逐渐接受幽默作家的身份。著名批评家约翰·拉斯金曾将其列入百名幽默作家，并称《荒唐书》是有史以来最温情纯真的作品。对此，利尔甚为自豪。

利尔一生疾病不断，6岁便患有癫痫、哮喘病，因此长期生活在自卑中，在日记中他曾提到自己时常恐惧癫痫发作被当众隔离。童年的不稳定生活导致他患有严重的精神抑郁症。在他一生中，令他满怀激情又心灰意冷的便是与大律师富兰克林·林欣顿的友情。二人于1849年相逢，之后同游希腊南部。毫无疑问，他对林欣顿产生了同性之爱，不过对方并不曾理睬。尽管两人的友谊持续了四十载，此间对林欣顿的感情却时常折磨着利尔。事实上，利尔在感情上从未顺利，大概是由于其过于强烈的表达葬送了这种可能。

一生游历的利尔最终定居在地中海附近的圣雷莫，这也是他生前最钟情的地方。1888年，利尔逝世于意大利圣雷莫。葬礼极其冷清，只有他的医生参加。在墓碑上，刻有丁尼生为其希腊之行所作的诗歌。如今的英国时常以邮票、展览等各种形式纪念这位画家。他的出生地也举行过多次纪念活动。

蓝紫金刚鹦鹉（右页图）

MACROCERCUS HYACINTHINUS.

Hyacinthine Maccaw.

E. Lear del. et lith. 3/4 Nat. Size. Printed by C. Hullmandel.

利尔的画透着一份闲适，他笔下的鹦鹉刻意攀上树枝，却非常自然。

1830 年 11 月 1 日，一位年轻的艺术家爱德华・利尔向位于伦敦的林奈学会递交了几张鹦鹉的版画，这位青年刚满 19 岁，便已成为一名博物画家。他为自己的这部作品命名为《鹦鹉图册》，言简意赅。此书是当时英国出版的唯一专门绘制某种鸟类的作品，于 1830 年至 1832 年间分 12 个部分发行。内容包含金刚鹦鹉、美冠鹦鹉、长尾小鹦鹉、多情鹦鹉和常见的鹦鹉，皆由利尔以活着的鹦鹉为参照作画。

尽管书中没有画家的文字描述，但绘画本身的精湛技艺已经使得此书不可取代，利尔也因此在英国赢得了极高的荣誉与尊敬。其时的英国鸟类学家约翰・塞尔比评价他画的鹦鹉“色彩绚丽，比起奥杜邦的画更显柔和，毫不逊色”。博物学家威廉・斯旺森在比较二者的作品后也对利尔给予厚赞，毕竟在当时，奥杜邦的名声早已享誉西方。

得到认可后，利尔很快被招聘到林奈学会绘画，学界期待他能出更多作品，为博物学效力。对这位 19 岁的青年来说，幼年贫困，缺少文凭，这样的机会简直是梦寐以求的。

1830 年，利尔为学会的秘书长爱德华・本内特画了一系列插图，其中有两幅在《动物学会花园与动物园》中得到出版。与此同时，他还接到一些学术性书籍作者的邀请，例如为塞尔比的书《鸟类学图解》作画。日积月累，利尔成就不断，他逐渐摸索到自己的出路，那就是成为一位职业的艺术家并通过出版自己的专著提高收入和名声。他选择了一种性格与其个人脾气吻合的鸟类，它们色彩纷呈，充满异域特点，并适于笼中驯养。

1830 年 6 月，利尔正式向学会申请画出收藏的所有鹦鹉。当时，伦敦动物学会的总部和分部设在不同区域，活标本在两个地方都有，他不得不两处奔波，投入不少时间。此外，他还在萨里动物园和古尔德先生的动物标本剥制馆画画。只要是英国能找到的

红翅鹦鹉　　　　孔氏吸蜜鹦鹉

地方，他都不辞路远去亲自临摹。

通过动物学会和一些富有的赞助人提供藏书，利尔尽力找到所有描述鹦鹉的文字素材，其中最知名的应属法国探险家弗朗索瓦·勒威能的两卷本《鹦鹉的历史》了。1832 年德国的约翰·威格勒出版的一本关于鹦鹉的小册子也起到了作用。这些书中的插图独具魅力，然而与利尔相比略显僵硬粗糙。

阿尔巴尼亚卡拉瀑布，爱德华·利尔绘

紫项吸蜜鹦鹉

埃及景色一瞥，爱德华·利尔 1867 年绘

为了此书，利尔对鹦鹉家族大量成员进行过素描和水彩绘画。他喜欢将它们画成原始大小，画面常布满内容，边缘处还会记录该鸟羽毛、鸟喙、跗跖、眼睛等的色彩和结构。在收藏者慷慨的帮助下，他尽量数出翅膀与尾部羽毛的数量以确保画中的正确比例。后来，利尔还会在画中绘出一些观赏鹦鹉的人群，包括他自己。

虽然利尔的事业最终转向风景画，但在出这部鹦鹉作品时他几乎没有在画中加入风景，除去一些树枝、几片绿叶和偶尔的一颗果实，他的画面极为精致简单，结构清晰。

当然，他所画的这些鹦鹉都生活在笼子里，吃的也是鸟主人为其挑选的食物，有些鹦鹉的来源甚至已经搞不清楚。如此，画家很难确定与其匹配的背景植物。不过利尔还是希望在画中加入些许绿意。在创作期间，他曾写信给朋友寻求关于美洲树木的

米切氏凤头鹦鹉（上图）

小葵花凤头鹦鹉（右页图）

素描，打算在上面画出鸟的造型。

尽管这些辅助细节统统来自二手材料和个人想象，但是利尔画的鹦鹉确实是现场活标本写生。经过多个小时近距离观察，他记住鸟的肢体外形与特别的姿态，开始作画。然后再把画带到印刷工作室制版，以便印刷成书。他先把画印成黑白色，又找来专业调色师协助上色，成品展现出细微的色彩，活灵活现，这种工艺是史无前例的。

利尔将印刷数量控制在每幅 175 张，这样一能降低支出，二能用限量的手段吸引更多的订阅者。每当一幅画如数印完，他便抹掉石版再次为接下来的画刻板。在与英国书商查尔斯·安普孙的通信中，他提到经济的窘迫使他和姐姐不得不租地方住，但他依然不遗余力地努力着。信中写道："家中共有 6 把椅子，其中 5 把都被印刷品占据。整整一年我的生活起居都在鹦鹉的环绕中进行……"

绘画工作之余，利尔致力于为此昂贵工程集资，这并不比创作轻松。他最终找到了足够的赞助人，他们既为创意所吸引，又为利尔的个人魅力所感动。他本人也焦虑过，甚至想过放弃，但才华的呼唤让他坚持了下来。

作为当时动物学会的会长，爱德华·斯坦利是利尔最早和最重要的赞助者，他凭借自己在学界的地位和影响帮助推广作品，并同意将自己的名字印在订阅者名单中。订阅者之中还有一些学者、业余博物学家、养鸟人和图书收藏家。他们给予了现金和其他经济支持，另一些还为其提供了活鹦鹉方便观察作画。得此机会，利尔还顺便走访了斯坦利在利物浦附近的宅邸，并在此地创作了不少打油诗。这处宅邸是斯坦利祖上的遗产，当时正成为其收集珍奇鸟兽的中心。

作品中，利尔收录了其中两只鹦鹉，这一举动深得斯坦利的欢心。加上利尔的画质量极高，斯坦利同意赞助出版《鹦鹉图册》一书，并委任利尔继续画出自己的其他稀有藏品。1834 年，斯坦利成为德比伯爵，之后更加关注博物学，为之慷慨解囊，也自然成为利尔最重要的赞助人。

五彩金刚鹦鹉（右页图）

MACROCERCUS ARACANGA.

Red and Yellow Maccaw

2/3 Nat. Size

MACROCERCUS ARARAUNA.

Blue & Yellow Maccaw.

⅔ Nat. Size.

纵使在评论界口碑极佳，利尔在出版上的花销还是很大，最后连基本的吃喝都成了问题。他确实希冀自己的作品能够大规模印刷，但不得不在发行了42版之后终止了。在给威廉·贾丁的信中，他写道：

> 之后我将不再出版画册，我已证明自己的实力，建立了名声，又在学会得到绘画工作，算是实现一己之抱负。但资金实在窘迫，我为此花费巨大。原本我意图画出所有鹦鹉，但面临破产，只好停笔。我也不会写文字读物。

1833年，利尔决定将剩下的手稿出售给学会管理员约翰·古尔德。当时，古尔德正要出版博物学著作，得到利尔的插画如获至宝。在序言中，古尔德还特别提到利尔的贡献，丝毫未把他当成竞争对手，而是和他共同发展博物学。

利尔早期的那些鹦鹉版画卓尔不群，再难超越，即便是他本人后期都达不到当时的水平。首先，需要承认的一点是他的作品中并不是每一幅都水平相同。这与画家本身艺术的成熟度息息相关，从林奈学会的记录中，我们发现他最好的画是那些最后发表的。不过画的顺序并非以时间先后排列，而是按鸟的类型，所以很难判断其画功是否在提高。

影响画质量的第二因素是绘画时是否以活鹦鹉为模特。利尔所有的鹦鹉作品都精确反映了鸟的身体结构和羽毛分布，他仔细观察活鹦鹉的个体特征，使其作品脱颖而出，同行望尘莫及。

利尔曾坦言，但凡采用剥制过的鹦鹉作画，效果必然不理想，总会有细微的偏差影响画面感，他对此深感遗憾。不难看出，最僵硬死板的那些作品都出自剥制过的模特。

相比之下，利尔的葵花凤头鹦鹉和蓝黄金刚鹦鹉便是通过活体模特所绘，栩栩如生的效果一目了然。至1832年，他的画功已经相当纯熟，对鸟体的解剖和平版印刷

蓝黄金刚鹦鹉（左页图）

花羽鹦鹉

PALÆORNIS MELANURA.

Black-tailed Parrakeet.

In the Possession of Mr. Leadbeater

E. Lear del. et lith. *Printed by C. Hullmandel.*

黑尾鹦鹉

也掌握透彻。从这两只鹦鹉的范例中，我们能够体会到利尔对这些鸟类的热爱和描绘它们的乐趣。

在同辈艺术家中，唯一用活体鸟写生的只有美国画家奥杜邦，据说他喜欢去野外观鸟，然后再凭记忆和标本将其画出。为了将模特摆出灵活的造型，常用支架将刚刚杀死的鸟支撑起来。这和传统上使用博物馆的剥制标本有所区别。对此利尔说道：

> 我不愿使用博物馆中的标本，是因为大多数剥制师只会按照个人意愿随意将鸟填充，这缺少才华，毫无灵性。为了去伪存真，我认为保留自然的原貌应该在它们活着的时刻加以观察，接下来才是去表现它们。

利尔没有条件去澳大利亚、非洲或南美各国的野外观察鹦鹉。在当时的英国，活鹦鹉实属罕见，所能得到的是那些驯养在笼中早已适应人类近距离观赏的。当奥杜邦还在赶在模特腐烂之前完成绘画时，利尔却完全不必为此操心，他可以随时停笔又随时继续为笼中鸟儿写生。1831 年的信中，利尔写道："一只巨大的金刚鹦鹉站在我面前似乎在说'把我画完吧'，但我还是要停一下，把剩下一部分身体或翅膀留到下次完成。"

正因为此，利尔的画透着一份闲适，他笔下的鹦鹉弯着脖子，皱起羽毛，刻意攀上树枝，却非常自然。而奥杜邦的鸟则略显冰冷，动作的僵硬很明显。

本章精心挑选利尔的鹦鹉图画与读者分享，为大家展示这位艺术家最辉煌的成就。我们竭尽所能为读者提供素材，带领更多的人认识这位孤独的大师及其笔下不可多得的作品。

PLATYCERCUS PILEATUS.

Red-capped Parrakeet.

E. Lear del. et lithog. Printed by C. Hullmandel.

红帽鹦鹉

欧仁·朗贝尔：大自然中的鸟

作　者

Eugene Rambert

欧仁·朗贝尔

书　名

Les Oiseaux dans la Nature

大自然中的鸟

版本信息

1916 by Delachaux & Niestlé S. A., Neuchatel

欧仁·朗贝尔

欧仁·朗贝尔像

欧仁·朗贝尔于1830年4月6日出生于瑞士克拉朗，于1886年11月21日去世，集作家、诗人、教育家、文学评论家、艺术评论家及博物学家为一身。1860年至1881年，任教于苏黎世联邦理工学院。

朗贝尔著作很多。最为著名的是1865年至1875年间出版的五卷本随笔《瑞士阿尔卑斯山》。在这部作品中，他不仅集中了分析、描述，还囊括了传奇及小说，旨在创作出一部相当于“阿尔卑斯山百科全书”的作品。可以说，山川是朗贝尔的一个重要的兴趣点。而这本1879年至1881年间分多册出版的《大自然中的鸟》，也正是他醉心于自然的体现。实际上，作为“瑞士阿尔卑斯俱乐部”创始人之一，他对动物、植物、矿产、云朵、水流等一切都怀有浓厚的兴趣。

然而，让朗贝尔知名度更高的其实是其评论性著作，特别是传记作品，如1875年出版的《亚历山大·维内，其生活及作品》和1884年出版的《亚历山大·卡拉姆，据原始资料而展现之人生及作品》等。此外，他还活跃于瑞士高等教育的研讨辩论中，并成为19世纪50年代成立瑞士联邦大学（至少是在法语区）的有力推动者。

朗贝尔于1886年溘然离世。以其名字命名的“朗贝尔文学奖”于1903年设立，以奖励和资助优秀的瑞士法语文学作品及作家。

莱奥－保罗·罗贝尔

1851年3月19日出生于瑞士比尔的保罗·罗贝尔（他往往如此自称），生长在绘画之家。其父其子均为画家，而其本人则是同一时期瑞士最重要的画家之一。

保罗·罗贝尔像

保罗·罗贝尔在绘画事业上经历了起起伏伏，既有1877年首次在巴黎沙龙展出便获金奖的《良夜轻风》、1896年在柏林国际沙龙斩获金奖的风景画《初春》，亦有耗费13年心血却在1914年伯尔尼国家博览会上遭遇失败的三折画作《受伤的人类》。洛桑联邦法院中的两幅巨幅画作《正义树立民族》及《和平降临》于1905年由其创作完成。1910年起，保罗·罗贝尔重新将精力投入“自然科学类”作品之中。在创作过程中，画家长期持续观察自然，以追求完美。之后十多年的时间里，他多次举办毛毛虫及鸟类水彩画画展，在日内瓦、洛桑、沃韦及伯尔尼等地大获成功。1917—1923年间，他完成了四百多幅鸟类水彩画作。保罗·罗贝尔为多部作品创作插画，其中，以朗贝尔撰文的《大自然中的鸟》最为著名。二位作者因此书荣获法国国家中央农业协会（现法国农业科学院前身）颁发的金奖。1923年10月10日，保罗·罗贝尔于瑞士若拉去世。

鸟儿如此真实地呈现在我们面前，
它不是在摆姿势，它是在生活。

这本书已有36年的历史，但它并不陈旧。相反，因为有插图家的新贡献，还有与最初对开本相比更为方便随意的新版式，它带着一股年轻的气息重新向我们走来。

至于文字，并无二致。作者已然不在，而任何修改也实属多余：欧仁·朗贝尔的文章没有比此处写得更为完美的了。

1876年左右，出版商达尼埃尔·勒贝（Daniel Lebet）策划出版一本有关鸟类的重要书籍，并把这项计划交给了保罗·罗贝尔（Paul Robert）和欧仁·朗贝尔。

欧仁·朗贝尔在1880年——也正是这本书出版前夕——撰写的一份自传性笔记中提到了它：“文字完全由我所写。标题上与我一同署名的罗贝尔先生为我提供了必要的素材，从技术上指导我——他是知识渊博的行家，是我的有力保证。对描写的热爱让我全身心地投入了这项事业；在对60种鸟的叙述中，我找到了巨大的快乐。”

多么幸运的合作啊！一方是纳沙泰尔的画家，他对逐一登场的鸟儿有着非常深刻的了解；另一方是沃州的文人，整部作品都证明了他细致的观察力、强烈的诗意和作为杰出作家的不竭才思。

他们就这样携手了。他们希望通过图片表现和描绘那些值得人类保护的欧洲鸟类。首先，他们需要做出选择：因为他们并不打算悉数全讲，而是选取主要；其次，他们力图使每一幅插图、每一份说明都成为介绍该鸟类生活与习性的简笔画。对画家而言，这个飞翔的世界已经没有任何秘密，它敞开自己的知识宝库，供作家自由撷取。这是一项充满了真诚与魅力的集体作业。

虽然当时的彩色石印术还有诸多不足，这部三卷本的著作依然获得了真正的成功。在众多表彰作者的荣誉中，尤其值得一提的是法国国家农业协会颁发的金奖。新闻界对它也宠爱有加，诗人与画家一起收获了满满的赞扬。

随后，朗贝尔的文字被本书的同一出版商单独重印了两次（1884 年和 1905 年）。这是非常必要的，因为这些简短传神的文字并没有得到应有的重视：画家勾描的图像很是吸引眼球，而对朗贝尔耐心编织的优美文字，许多读者就只是漫不经心地扫上一眼了。此外，对开版本也的确不够吸引读者。

对我们而言，这位《瑞士阿尔卑斯山》的作者在本部专著中的简短文字，是他创作的所有篇章中最为华美的。没有任何地方能像此处，自然主义诗人把灵活、优雅和丰富多彩挥洒得如此淋漓尽致！

首先让人震撼的，是作家笔下对图画描绘的简洁。如果说朗贝尔有一项品质差点成为他的缺陷，那就是一丝不苟的自觉。作为描写方面的专家，他总是担心叙述得不够详尽，担心忽略了某个为保证整体效果和与事物相像而必不可少的特征。他近乎谦卑地坚持着，却容易落入烦冗。而这里，印刷条件的限制让他避开了这种风险。每份说明只有一页；在这一页，必须只说精髓，舍弃赘语。简洁，避无可避。但朗贝尔远没有受其限制，他的才能得到了新的激发。他专注于效果，遵循牺牲的艺术，取消多余的发挥。

起初，他也遗憾。在写给保罗·罗贝尔的信中，他抱怨不得不简洁至此："这本书里，几乎所有都要舍弃，没有说的倒比说出来的更精彩。"的确如此，但又与朗贝尔所言略有不同。事实上，这本专题著作中，没有一行是多余的：每处下笔都富含深意，每个精心挑选的词语都传达了他饱满的情感，有助于对现实的生动呈现。

还有一个不亚于简洁的震撼之处：叙述口吻的灵活与丰富。这么多鸟，描述了一种又一种，不仅没有重复，反而找到了各自恰当而特有的重点；迅速让读者领会这些小家伙的特殊样貌，这是心不在焉的路人从来都分辨不清的；叙述语言生动多变，叙述方法也丰富多样，就像大自然永不停歇地变换着造物手段；面对同一科的鸟类（比如山雀），建立关联，却不抹杀个性，回顾同类，又避免枯燥重复。正如朗贝尔自己所说，“这是一场费尽心力的赌博”。

他赢了，依靠技巧和耐心，也多亏了细致入微的观察和油然而生的情感带来的无穷灵感。朗贝尔找到了把角色个性化的诀窍：它们是生活在我们眼下的人物，甚至是我们人类的成员，它们的姿态、品德、感情乃至小小伎俩，都与我们相似。这些类比，朗贝尔并没有刻意突显，但它们很自然就会跃入眼帘。我们会饶有兴趣地在鸟的世界遇到那些与人类社会成员相似的家伙。种类何其丰富！对比何其鲜明！这是家麻雀，街道上的顽皮小子，而树麻雀，顶着栗褐色的发饰，少了些俏皮劲儿；这是戴胜，一位孤独却依然骄傲的公主；这是家燕；这是鹡鸰，牛群和牧人的朋友；这是朴素的工人啄木鸟；这些是艺术家：欧歌鸫、庭园林莺，和它可爱的姐妹：拥有永远快乐天赋的灰白喉林莺，还有能够宣告或者更确切说能够预言春天到来的乌鸫；这是鹪鹩，热爱隐居生活；这是苇莺，在沙滩上懒洋洋地做着美梦；这是红尾鸲，精致的小资，也是好伴侣、好父亲；这是夜鹰，孤僻的夜行者；还有一些新奇古怪的，如蚁鴷，羽色斑驳似小丑；还有石鹏，举止狂躁……在这个种类丝毫不少于人类社会的鸟类世界，甚至还有一些很难形容、意识混沌的物种，它们出生似乎既不是为了喜悦，也不是为了痛苦：“生命对它们来说是一场梦；它们懵懵懂懂地穿行其间，就如最初懵懵懂懂地开始；当它们即将走出生命，当死亡站在它们面前，它们看着它，还会对它说：‘你想要我做什么呢？’”

朗贝尔是多么出色的诗人！读他这些奇绝的散文甚至比读他的诗句更能感受到这一点，比如，关于阿登的燕雀的描写，关于黄鹡鸰的牧歌，或是关于乌鸫赞歌的抒情片段……

这样的篇章值得永久保存。必须对出版者大加赞扬，他们呈献给我们一个名副其实的新版本。之所以说“新”，不仅因为保罗·罗贝尔精细出彩的画作用彩色翻印而更显完美，还因为它们本来就有一部分是全新登场。

事实上，保罗·罗贝尔并不满足于对原先水彩画的修饰，他常常通过新的观察和新的研究对画作加以改造。他花费数月把从第一版60幅图中选出的50幅图全部重画。插图方面的进步无可争辩——拥有勒贝出版社三卷本的读者对这一点也很容易达成共识。这首先归功于30年来翻印手段的发展，但更在于这些独创性插画自身的价值。艺术家比预期更好地完成了这项主动应承的任务——标题《大自然中的鸟》已明确说明任务的内容。罗贝尔新画作值得称道之处，在于比第一版更准确地抓住了这一形式的内涵。

他曾于1879年3月5日给朗贝尔写信说："至少据我所知，到目前为止，大家都是在博物馆的橱窗前画鸟，一旦画完，随便放些背景上去，既不研究自然，也不追求灵感。我的理想是在大自然的环境中表现出鸟类身上某些诗意的东西。"

这一次，他是带着新的激情重新追寻着这个旧的理想的实现。

于是，鸟儿很惊喜地回了家：在它熟悉的环境里，在它喜爱的灌木丛中，在它依恋的植物旁；而它的习性、它的挂念、它的特殊举止，统统抛之脑后。这就是保罗·罗贝尔的艺术让我们看到的。森林、花园、岩石、荆棘、河滩、草场、屋舍，每幅图画中的自然环境都被仔细研究过，受到的殷切关注不亚于作品中的主角。每幅图画都像是观察者无意撞见的小小场景，然后用对生动现实的深切甚至虔诚的尊重完美呈现。

看刺蓟上那群亮丽的金翅鸟；看引吭高歌的燕雀，脚下光秃秃的枝上淡绿色的芽苞饱满欲出，尽显万物复苏的脉脉温柔；这是公园里舒适的一角，遍布雏菊的草坪，盛开鲜花的花圃，而白领姬鹟端坐其上；这是山石林立的山坡；那是卵石成堆的岸滩；更远些是点缀着虎耳草的峭壁；还有漂亮的奥尔万（Orvin）教堂前、燕子最爱栖息的电线……有这么多小小的图画，让我们一再体味到《早春》的绘制者这位风景画家的温柔与细腻。鸟儿如此真实地呈现在我们面前，因为我们是在与它日常生活的亲密接触中，在体现它的喜好与习惯的特有现实中与之相遇。它不是在摆姿势，它是在生活。

在依靠自然画鸟、既不因循守旧又不平庸描绘的丰富构图中，诞生了每一页都不雷同的布局多样化。我们身临其境。艺术家的笔触具有强大的表现力，因为他远不是把预想模式强加于对外部世界的描绘之上，恰恰相反，他谦恭地服从于大自然，注视它、倾听它、让它发声。

罗贝尔满怀爱意加以完善的水彩画，是对上帝之作的致敬。某个时代的画家常说“极致”，大家会嘲笑这个词的不合时宜。但今天，我愿意用它来形容我的老朋友罗贝尔笔下的鸟。不过，这种“极致”不是缺乏创作能力地在细枝末节上矫揉造作，而是一位把画笔轻拂视为表达爱意的大师的“极致”。

（编译自沃恩斯和菲利普·戈代为欧仁·朗贝尔
《大自然中的鸟》一书撰写的序言）

家麻雀（左页图）

我很好奇，如果家麻雀是鸟类世界在我们身边的唯一代表，我们会怎么评价它？我想，人们不会满足于赞美它飞翔时的灵活，人们会发现它嗓音的魅力，会对它争吵不休的性格表示宽容，会把它丑陋的窝巢视为动物技巧的典范，诗人也会不遗余力地夸奖它斑驳的羽毛。他们错了吗？没有。忘记大自然对其他种类的慷慨赠予，直接回答：这个圆圆脑袋上的灰色绒毛难道不是既纤细又迷人？背上和翅膀上鲜亮多彩的羽毛——边缘略浅，中间略深，从黄色或红棕色过渡到褐色或黑色——难道不是小小的艺术杰作？还有，灰色面颊衬着周围的栗色，难道不显得娇俏灵动？难道还能看见比它更为生气勃勃的小眼睛？但是，怎么可能不比较？身边的一切都在提醒着这一点。和燕子相比，麻雀的飞翔怎么样？与林莺相较，它的嗓音又如何？想到金翅鸟，它的窝巢还能入眼？都不用提孔雀和蜂鸟，单单看到鸽子、戴胜、灰雀，它的羽毛就又不值一提。可怜的麻雀，是比较让它输得一败涂地。

不管它有多少不足，有一点值得肯定：它是它自己。家麻雀是一种参与人类生活，但丝毫未被同化的鸟。我们关于它能说的全部内容都基于这一点。它并不是选择偏僻的房屋作为共生对象，它早已超越了这种勇敢的早期阶段；它从农场飞往村庄（有一部分停留于此），再从村庄飞往城市，在那里繁衍生息。家麻雀是街头顽童，是菜场、市郊、路口的殷勤访客。它厌恶孤独。它对迁徙也没有一点兴趣，甚至散步对它而言都是庸俗的乐趣，只适合农民：它的表亲树麻雀。它有自己的社区、自己的街道、自己的位席，这才是它的舞台，绝不远离。它生活在公共场合，生活在人群中，进而结伙成群。它的爱情没有丝毫隐秘。在叽喳叫嚷——更多出于高兴，而非嫉妒——的同伴的见证下，它在人行道上，在排水沟前，或在露天酒店的桌子下庆祝自己的婚礼。随后，它匆匆忙忙垒起一个丑陋的窝，长长的稻草都还垂露在外面。对它来说，什么位置都是好的，只要能遮风挡雨，能躲避猫。要是能从别人那儿偷来一个窝，那就更好了。燕子发现自己家里多出一只麻雀可不是什么新鲜事，但我们知道它会怎样报复：把洞口堵死，让入侵者成为囚犯。爸爸和妈妈轮流孵蛋，它们有着同志般的友情，愿意分担这份辛苦。小家伙们一出壳，就在无数祝贺声汇成的震耳噪音里，被集体迅速接纳。年轻者的生活习惯也已经继承了年长者的，除了一点偏好：它们更愿意在大树的枝叶间，而非室内的墙角寻找过夜的场所。这是不是对原始本能的最后一丝保留？一份遥远的回忆？此外，它们的教育也不够长久。父母的行为很快就教会它们一个快乐的农作物偷吃者所具有的狡猾与诡计；还让它们学会探索散落在路面上的垃圾，辨别意外之财，选择合适的时机。选择合适的时机，这可是一门大学问！带着勇敢与狡猾，麻雀实践着这一点。它半耷拉着翅膀，漫不经心地蹦蹦跳跳，就像一个两手插兜的调皮孩子在闲逛。没有一丝目光透露出它隐秘的想法。然后……它突然转身，咬住早已觊觎的猎物，消失了。也就是一眨眼的工夫！在生活于有水城市的水鸟、天鹅、鸭子等群体中，我们也会饶有兴致地观察到这样的伎俩；那里适合建立寄生关系。动物园里也是。没有什么比看见麻雀从熊或象那里抢走游人刚扔给它们、它们也已经用口鼻嗅过的小点心更为有趣的事了！当它伎俩得逞，在二十步远的地方大快朵颐时，还会露出嘲笑的神情。它在花园里窥伺葡萄架时，也非常清楚要等到主人离开才能下手，它担心有陷阱。因为与人一起生活，它变得非常多疑。没有什么鸟会比它更难捕捉了。不像树麻雀，带着乡下人的淳朴，会直直跌入陷阱。但在街道上，家麻雀很清楚大家没有时间管它，变得肆无忌惮。急速旋转是它的本领：在两辆疾驰的马车之间，它翻寻着垃圾，非得马蹄即将踏上后背，才会依依不舍放下战利品。但要小心竞争对手抢走它备下的食物，或耍弄其他伎俩。就像它们向别的种群使用手段一样，它们相互之间也不乏这样的争斗。和它们的爱情一样，它们的争吵也是激烈而公开的。它们发出可怕的叫声，展开肉搏，在灰尘中和车轮下滚来滚去：愤怒有时候会让它们忘记谨慎。之后，当它们叫嚷够了，偷吃饱了，争吵停了，它们会在晚上到达聚会地点集合，在大树上，在屋顶下，在爬满墙壁的古老常春藤上，用共同的喧嚣鸣叫结束这一天。

以这样的生活方式，再借助一年三次的孵卵，麻雀迅速繁殖。这仍旧属于市井智慧：繁殖，既不控制，也不操心。但是，如果经济发展不顺，如果城市居民减少，那就轮到麻雀这一种族减少了。它的生产活动与我们的紧密相连，人类和共生者之间有利害关系。但行为与反应之间是需要时间传导的。在我们的工厂和商店唉声叹气的时候，没有迹象表明麻雀先生也已经身受经济萧条之苦。这个会到来。但现在，它继续繁殖。

树麻雀（上页图）

麻雀有益还是有害？这个问题一直饱受争议。在我们的认知中，它有两个身份：首先，它捕食很多小虫，甚至习惯用小虫喂养后代；其次，它大量吞吃鳃角金龟。合适的季节里，鳃角金龟是它最美味的猎物。无论是飞是停，它都可以一把抓住鳃角金龟；只两下，就啄掉了鳃角金龟的鞘翅；剩下那些，三五口下了肚。如此重大的服务足以让我们原谅城里麻雀的鲁莽、争吵和叽喳叫嚷。住在乡间的麻雀则因大量偷食谷物有错在身。如何在收益与损失之间建立平衡呢？这个账可一点都不好算。所以，麻雀有自己的拥护者，也有自己的反对方。也许，它要是拥有讨人喜欢的天赋，大家就会对它因为饥饿犯下的小错多些宽容了。

无论是否讨人喜欢，麻雀都不是不需要观察了解的。人们很难相信：一种出自大自然之手的鸟类会喜欢在最繁忙都市的市场大厅或尘土飞扬的街区安营扎寨。如果真有谁选择在这里住下，我们只能认为它是一点一点发展到这一步的，肯定经历了足够长的时间，甚至可能是好几个世纪。正如一些植物——荨麻和山靛，它们处处跟随人类，几乎是体现人类踪迹的准确无误的标志，但它们肯定不是人类创造的，而是在有人类之前就独自生存的。所以，麻雀喜欢寄生在人类屋檐下的习性只能解释为它逐步适应了我们住所周边环境提供给它的生存条件。如果它既没有墙角可供栖息，又没有垃圾可供觅食，它会怎么办？这也许只有借助想象才能回答，无法通过特定的科学知晓，因为对于这一点，没有任何资料可供查询。不过，如果我们愿意和伟大的博物学家一起设想如今相异的两个属种以前并非如此，那就有可能在大自然中找到有关麻雀生活习性转变方式的一些信息。事实上，我们知道的不止一种。最主要的两种是树麻雀和家麻雀。如果说其中一种受到干扰的影响更大，那肯定是第二种，它现在已经把自己的命运和人类文明的命运联系在一起了，人口稠密、碎块多的街区也越来越吸引它。而树麻雀，相较于它已经走完整个圆圈的城市表亲，似乎还停留在演化的半途中。它不是市民化的麻雀，它是农民化的麻雀。至于原始的麻雀、真正野性的麻雀，也许已经消失了。当然，这只是一种假设，但看上去真实可信。无论如何，它指明了这两个种类生活习性的区别。

务实的博物学家担心落入外表的陷阱，总是通过性格和举止区分生物。对他们来说，衣服，就只是衣服。敏感的艺术家通过容貌猜测性格，然后大胆地对这个或那个做出结论。这根本不是一种方法，而是一项直觉。把一只树麻雀和一只家麻雀拿给外貌判断学家，对他说：其中一只住在城市，另一只住在农村。马上，他就会告诉你谁是城里人，谁是乡下人。怎么会弄错呢？小小的树麻雀，或者也可以称之为篱笆上的麻雀，你那淳朴善良的样子一下子就暴露了你的乡村出身。它还写在了你的羽毛上。覆盖头顶的栗褐色发式，肯定不是你在城市里获得的。还有你的小短腿、圆后背、胖下巴、短尾巴（就像农民身上裁剪得短到不能再短的衣服下摆），都不会是时髦商店的产物。你的兄弟——那个城里人——倒也不是穿得更好，相反，还不如你：它更为灰暗的外袍，拖在满是尘土的路上，没有你栗褐色羽毛的暖色调舒服，只是与它这种街头顽童既不梳洗也无敬意的张扬气势和不羁举止更为搭调。即使不考虑羽毛，人们也可以通过你稳重的叫声和质朴的呼唤把你辨认出来，也许确实不够悦耳，但温和平静，绝对不会让人想起人行道上的噪音和调皮小学生的叫嚷。

如果有人想观察这位老实乡下人的简单生活，可在夏天前往农田与树林的交界处，或长有古老树木的草场。也许能看见它们正在某个树洞口衔着几枝稻草或牧草；那是年代久远的苹果树或外皮皱巴的枫树，时光流逝，在它的树干上辟了洞。树麻雀的窝就在那里，一个用附近谷仓里的杂物搭建的丑陋的窝：一层稻草，里面垫着细细的绒毛。有时好几家共用一个树干，还经常有别的鸟类加入，使得这片聚居地的人口又多又丰富。所有的窝都满满的，它们以家庭为单位，孵卵繁衍。它们还全家出动，去附近牛马来往的路上觅食，或去农田里饱餐一顿，完全无视主人为了保护收成竖在一旁的稻草人——它们已经习惯了不具威胁的怪物。对树麻雀来说，这是多么美好的季节：稻穗变绿，谷粒多汁。因为富足充裕，可以看到它们欢乐而满足，本来就少的争吵更是很快平息。树麻雀性格上本就比家麻雀快乐：它们不认为无理取闹是友谊的必要维护手段和重要组成部分。但是，冬天快要到了，小谷粒越来越少，树麻雀只得节衣缩食。但它们从没想过向南方迁徙：乡下人一点都不爱好旅游。它们也不考虑飞往大城市去碰碰运气，只是慢慢靠近了农场和村庄。也许，正是这种诱惑引导着家麻雀越来越紧随人类的脚步，从农村走向市郊，再从市郊走向城里。哦，树麻雀，我的朋友，小心啊！你正在步你兄弟的后尘！难道你也想脱掉头上那栗褐色的羽毛吗？

L.P.R.

苍头燕雀（左页图）

看见这只站在含苞待放绿芽间的玫红色喉咙的鸟了吗？多么光彩夺目！它就是燕雀，我们的燕雀，春天的孩子，樱桃树、梨树、苹果树和旷野上其他各种果树上殷勤的访客。它可不会在枝丫上保持沉默：时不时，它就仰头发出一串滚奏装饰音，响彻云霄。它的歌不长，但带有颤音；即使重复百遍，它的兴致也绝不亚于钻研精妙变奏旋律的艺术大师。在世界上所有国家，燕雀都是快乐的象征。有句谚语说："像燕雀一样高兴"；也的确，在温柔的春风里，一只燕雀在开满鲜花的树木间唱歌飞舞，你很难想象还有一种生物会比这种光彩夺目的鸟更加幸福！

但是，燕雀也分这只那只，它们存在巨大的性格差异。最幸福的也不意味着可以免受生活的纷争和爱情的风暴。它们有些喜欢定居，有些习惯迁徙。雌鸟有着漂泊的个性，冬天留在我们身边的则大多是雄鸟。我们很少看到它们成群结队，秋天除外。打算前往南部朝圣的鸟儿为做准备，会组织几次不乏危险的旅行：它们集合起来，但不做长途飞行。燕雀出发的时间有早有晚。长达两个月的旅程后，来自远方的鸟群相继到达了。等到返回，仍是分散行动。一部分飞往更北的远方，另一部分偏爱我们这里温暖的气候。但各地的雌鸟都只会比雄鸟晚十至十五天。在这些等待的日子里，雄鸟满心焦虑，它们用嫉妒的眼神互相监视，甚至开始追逐打斗。对一种似乎是为快乐而生的鸟儿来说，很明显这就是它不合群的秘密所在。女士傲娇成性，男士嫉妒成狂：配偶的分配只能通过长久的战争来完成了。殷勤讨好时常用的"征服"一词在燕雀的爱情中绝对称得上名副其实。每年春天，只要稍加留意，就会看到这些跌宕起伏的剧目（通常是悲剧）在我们眼皮底下上演，数不胜数，很难错过。雌鸟一副漠然的表情，在细草上、篱笆旁、公园里、牧场中或花园内悠闲散步。但它知道自己受到关注，时不时发出一声短促的尖叫。附近树冠上飞出一串响亮的滚奏音作为回应，第二串、第三串从更远的地方陆续传来，带着一方不服一方、一方超过一方的劲头。它们有着纯净、嘹亮、和谐的嗓音，但毫不吝惜，只希望自己是唯一的中选者。突然，一个追求者猛地冲向草地，一开始，它也笨拙，也害羞，为自己的莽撞感到吃惊；但随后，它慢慢接近目标，开始神气活现地炫耀。而那美人，依然以高冷的神情，继续着寻找食物的脚步。追求者时而张开羽毛，时而收敛羽毛，交替着展示或遮掩作为年轻出挑的爱慕者用来献媚的盛装华服内隐藏的丰富宝藏。身下的羽毛暴露出了隐秘的绚丽：头顶的蓝色迸发出金属的光泽，胸脯的玫红越来越显，肩上的白斑像扇子一样闪动，黑色的眼睛像钻石一般闪耀。但是，正当它竭尽全力献着殷勤时，一个竞争对手过来了，一场疯狂的追逐拉开序幕。它俩从这根枝丫追到那根枝丫，从这棵大树追到那棵大树，既不停止，也无休息。

有时它俩互相赶上，就在地上展开残酷的肉搏。要是看见被攻击的那个为了还击对手的叨啄仰躺在草坪上，大可不必觉得稀奇。更为常见的是，它俩以公鸡的方式进行决斗：各自摆好搏斗姿势，然后带着失去理智的疯狂猛然扑向对方。羽毛翻飞零落，相对弱小的那方往往当场死亡。被追求的美人在一旁观战，不停地跳跃、啄食。它短促的叫声总在必要时让交战双方更为狂热。获胜者如果不是伤得过于严重，会来到那冷漠的美人旁邀功请赏；后者也许赐它一点小恩小惠，但在全心全意委身之前，还会眼睁睁看着它卷入新的、惨烈程度不亚于前的战斗。对燕雀而言，最漂亮的总是属于最英勇的。

尘埃落定后的幸福日子里，当树木与草地开满了鲜花，雄燕雀会陪着爱侣修筑窝巢，短短几天，一个精致的艺术品就会问世，用来迎接同样充满魅力的下一代。这个窝巢用各种好东西构成，温暖舒适，外面还包着一层和所处树皮颜色相同的苔藓，别人很难发现它。这个家庭，虽然当初构建时无比艰辛，现在却安静而和睦。4 月和 5 月底会迎来两次孵卵。父亲和母亲对孩子们满怀关切，甚至喂养它们到离巢之后。常常可见燕雀站在枝上，给小家伙们带来满满一嘴的食物。小的、大的，来来往往，唱歌跳跃。这时就显示出那句谚语的正确性：没有什么能像燕雀一家那么欢乐。只有下雨会让它们悲伤；它们感到有雨要来，马上通过特殊的歌唱通知大家。但哪怕一丝阳光都会给它们重新带来欢乐。每一个有阳光的日子都是节日。很快，孩子们长大了，燕雀为了躲避夏季的炎热藏进了深林。它们在那里的欢乐也绝对不会比在繁花似锦的果园里少上半分。秋天来了，它们走出森林里的藏身处，开始迁徙。燕雀的一生就是如此流逝，到下一个春天，甜蜜而残酷的爱情故事再次上演……

L. P. R.

红额金翅雀（上页图）

对于这样一种广泛知名、深受喜爱、备受追捧，以至于个体贸易量达到其余种类之和的鸟儿，还能说出什么新的内容呢？没有，除非说这种深获众心一直饱受争议，说总有讽刺观察家在暗中关注并揭露这种成功，说金翅雀于普遍规律而言并非例外。但即使这些，也不是新的。争执由来已久，却悬而未决，一直存在；也许，只要有生意人售鸟，有爱好者买鸟，它就会同样长久地持续下去。

对它着迷的民众说："哦，多么漂亮的服饰！深红、墨黑、白色、黄色。还能穿得比这更鲜艳了吗？"

阴郁的批评家回答："鲜艳？小丑同样穿得很鲜艳。深红的脸上配着扁平的大嘴，还有一点优雅可言吗？还有这条白色的领带！这件镶着黄饰带、缀着白纽扣的长下摆黑礼服！倒不如说是王室侍从的制服！"

"您对一只这么好养活、在笼子里这么乖的小鸟也太严厉了吧……"

"是呀，放进笼子多好，方便郊区的园丁前来兜售种子，而它入秋时也没少偷这些粮食吧。凭什么让它在专门讲述益鸟的书里占有一席之地？难道大家都不知道它是如何破坏菜园的吗？哦，它是多么依赖刺蓟，甚至以它为名！可是，我们的蔬菜，我们的圆白菜，我们的生菜！"

"那您忘了春天里它喂养下一代时捕捉的昆虫了吗？还有它的歌，您也认为一无是处？"

"它的歌也就三流吧。"

"那它善良的天性、正直的个性呢？"

"它善良的天性在于到处要求第一的位置。它自由的时候是这样，必须占着树上最高的枝儿；它关进笼子后还是这样，要是有朋友想同它分享最高的栖木，它会嫉妒得发疯。而它正直的个性又以什么为傲呢？它以最谄媚的方式顺应人类的奴役，只要不过分刺激它敏感的虚荣心就行。"

"至少，对它那些小才能要公正评价吧！"

"是，小才能，非常小的才能。一个好的训练师八天时间就可以教会它躺在人的手上装死、在人的食指尖上稳稳站立、从一个食指跳到另一个食指、到人的嘴里喝水，甚至完成大回环——紧紧抓住一根小棍，和棍子一起360度旋转……这些就是它的本领了。至于自由时的体面本领，它在任何方面都称不上第一，包括飞行，虽然它也有完美的翅膀，害怕时也能飞得很快。笨重的体操运动员、糟糕的赛跑运动员、演员……"

够了，够了，冷酷的批评！来这边吧，金翅雀先生，我会让你得到解脱。是，与鸟类中某些优秀种群相比，你可能各个方面都落了下风，但从大自然创造你的那一天起，就是希望给大多数人带来快乐，它同样不完全由优秀种群构成；所以大自然赋予你那些普通但很受欢迎的才能，因为人类广泛流传，而每个人都希望在自己喜欢的对象上找到共鸣。美丽少于绚丽，天赋少于可爱，傲气少于自负，叫声则是丰富性多于独特性、模仿性多于创造性，但随时待命，一向温顺，加上响亮的音色、有说服力的动作，甚至扑腾跳跃：依靠这种方式，它在世界上立足。大人的虚荣心是丑陋的，因为它工于算计、傲慢浮夸；孩子的虚荣心则是可爱的，因为它天真幼稚、不计后果。你的优势是身为一个孩子，大家可以原谅你的所有，你的一切都很可爱，甚至那一本正经的神态、装模作样的举止、偷耍花样的心思，还有王室总管的制服、偏爱高枝的习惯——你端坐其上时是那么洋洋得意。此外，说你在任何方面都称不上一流其实不对。如果说你没有什么大本领，那至少你很灵巧，在建造家巢方面没有谁能超过你。没有谁的窝能像你的那样，稳稳坐落在你精心寻找便于隐藏的高高树枝上；没有谁的窝能用更好的材料更精确地编织；没有谁的窝能用更纤细的羽绒更温暖地垫衬；没有谁的窝能更圆润舒展、更精妙构筑；还有那保护性的凸壁，任凭屋外刮风下雨，屋内照样笑语晏晏。所以，快乐的金翅雀，就让那些批评家自言自语去吧，建造尽可能多的艺术品窝巢，下满雀卵，繁衍生息；来吧，住满我们果园里的树木，住满我们房间里的鸟笼；我们永远不会厌烦大自然传播在世界各地的这种小鸟，看着它穿着盛装华服神气活现，看着它带着永恒纯真的孩童笑容。

黄道眉鹀（左页图）

对普通爱好者而言，鸟类的命名一向是个难题。在法国好几个省，人们把金翅雀称为鹀，因为它的叫声更像“鹀”。我不知道为什么博物学家没有遵循这个习俗，他们把“鹀”这一属名赋予了一些嘴形特殊的鸟类：圆锥形嘴喙，下喙略大于上喙，有时嘴角处还会略微分开。分布最广的黄鹀，也叫法国鹀（布封的称呼），就在那些把金翅雀称为鹀的省份相应地成了“金翅雀”。由此，各种混淆层出不穷。

博物学家眼中的鹀属内，有不少值得注意的物种：黑头鹀是一种相当漂亮的鸟，喉咙和胸脯都是金色，但在阿尔卑斯山这边很少见到；如黑头鹀黄得亮丽那般，雪鹀白得耀眼，它一般深居北方，隆冬才会南下德国；最著名的当数圃鹀，它不是唯一拥有细腻肉质的，但很不幸，它是最容易养肥的。我们知道这是如何做到的：把圃鹀放在一间黑暗的屋子里，只留一盏灯照明，因为分不清白天和晚上，它昼夜不停地吃，渐渐胖得吓人。当它再也不能飞到高处栖息时，也就喂到了时候。

我们地区最常见的除了法国鹀，就是黄道眉鹀了。特地为它写上一章，是因为在鹀属的所有种类中，它是最爱吃虫的。它一点也不排斥种子，但对昆虫更为偏爱，也只用它喂养后代。它的名字来源于它的叫声，一种不太响亮、很容易和蟋蟀鸣叫相混淆的叫声。它是老实谦虚的鸟，不怎么发出声音，所以需要寻找一番才能看到它。它往往把窝建在田野间杂乱的绿篱或偏僻的灌木丛中。它3月筑巢，刚从南方回来不久；而一旦完工，它就不常出门了。每对夫妻都专心致志过着小日子，沉浸在家庭生活的喜怒哀乐中。黄道眉鹀只认识自己的窝巢：对它来说，这就是全世界。每年它会孵卵两到三次。当小家伙们会走之后，父亲和母亲会把它们领到庄稼地里；那里，它们可以毫无风险地学会找寻食物。要是什么声响或异动惊到了它们，这一大家子马上四下散开，一边飞一边“嗞嗞”地低鸣；这叫声暴露了它们的存在，但也不会降低找到它们的难度。在一片混乱中，猎人还没来得及定位方向，它们就已经安全脱险了。更大一些，它们利用潮湿多雨的日子飞到农田里觅食，也因此，当被人们撞见的时候，它们的嘴上往往沾满了泥土。人们有时也会在路上遇到黄道眉鹀，或是在道路中间，或是在旁边的树篱上。和轻率冒失的欧亚鸲相反，它会极力避免在人类眼皮底下跳动，只希望这个不识趣的行人尽快通过。而当人们转身，就会惊讶地发现它正偷偷地从一个树篱飞到另一个树篱，或从一个灌木丛飞到另一个灌木丛。不过，这种胆怯一点也没能阻止它像自己的近亲，即以容易受骗著称的灰眉岩鹀那样天真质朴地跌入陷阱。黄道眉鹀的感情太过强烈，没法时刻保持警惕。这些隐藏的生命也往往是最热情奔放的。雄鸟歌唱时如此投入，以至于我们不断向它靠近，它也发现不了；而这时，我们会很惊讶地发现，虽然有一条黑线从它两眼之间横穿而过，虽然有一撮同样黑色的胡须挂在嘴的两边，它依然是一只充满魅力的小鸟。当它引吭高歌，当它鼓起的嗓子上所有黄色的羽毛随着每一个飘出的音节轻轻颤动时，那份激情让它的脑袋，不，它的脸、它本来不怎么讨喜的脸焕发出别样的神采。就像雄鸟唱歌时很投入，雌鸟孵卵时也同样忘我。我们几乎可以趁它趴在卵上时直接用手把它抓住。要是有人抓住一个小不点，那俘虏它的父亲母亲就是再简单不过的事情了。只要把小家伙关在一个双层鸟笼内，空的那层打开门，然后把鸟笼放在距离窝巢不远的地上，马上就会看见它的双亲闻风而来，扑向那扇开着的笼门。如果它们在猎人自以为抓住的一刹那险险逃脱，没关系，重新开始。它们不介意连续被抓十次。也许，它们并不是对危险视而不见，而是在这种腼腆的小鸟心中，天性大于害怕，被囚禁的可怜儿女正在那里哀鸣，那么，没有什么能阻止它们坚定向前。

灰白喉林莺（上页图）

这种善良的林莺在莺中也属朴素中稍带些许明亮光泽的一类：它的下腹较庭园林莺更白些，后颈及背部是一种漂亮的灰白色，翅羽则镶着一层浅红色的花边。它生活的地方与黑顶林莺相同，若其能涉足更广，则会为各地增色不少。似乎这一物种愈发稀少了。有明确的证据让人担心林莺整体都是如此。总是那么准确的弗里德里克在其作品《鸟类博物志》中表明，就庭园林莺而言，数量确在锐减。

应当惊讶的是，竟还有林莺存世，因为它们的习性将其置于各种危险之中。它们的迁徙非常规律。它们在法国南部、地中海非洲海岸，有时或者是更远的地方过冬。洪堡曾在特内里费岛山脚下听见过黑顶林莺的歌喉。它们并不着急往回赶；它们要等到阳春留驻、田园芳华之时。最急迫的林莺也不会早于 4 月中旬，而庭园林莺有时不到 5 月初的头几日则不露面现身。它们一个接一个，缓缓前行。到达后立刻或稍晚便双双结为夫妇。它们对筑巢一事不甚在意，耐心造就的艺术并非其志：它们实在好动。一个简简单单的浅口篮筐，即使外表粗糙，材质简陋，有时太过松散，难以支撑到底，它们也满足了。这巢一般会建在靠近地面的地方，就在心怀叵测、来回转悠的混混儿们的齿边爪畔。灰白喉林莺隐藏窝巢还是挺有一手的；不过庭园林莺就不是这么一回事了，它们初时会建造三四处鸟巢，往往却只有选址似乎最糟糕的那一个完工。这种鸟只孵化一窝雏鸟，除非有不幸降临；其他林莺则会孵育两窝，每窝四至六枚鸟蛋。雄鸟对自己的伴侣十分体贴同情，那小可怜整整两周长的时间都不能移动。白天，他会替她几个钟头。当孵蛋的林莺遭遇危险，比如，当某个过路的家伙东搜西查太靠近它的窝时，它便索性倒地不起，哀叫连连；接着又浮夸地假装成受伤或患病的模样，然后，在你以为就要抓住它的那一刻，从你指缝溜走，消失在丛林中。这就是它转移注意力的方法。这法子常对它有利，但是如果看到鸟巢已被发现，它便将蛋视作丢失，并弃之而去。如此这般，一窝窝的鸟蛋都惨遭不测，更别提那些被榉貂、狐狸还有猫——特别是猫——狼吞虎咽下去的了。林莺的另一个敌人则是杜鹃，它常常选中林莺做自己某个孩子的乳母。据说，让一只笼养的林莺认养一只外来的鸟蛋是非常困难的，几乎不可能做到。而在野外，它辨认不出那小冤家的蛋，一经孵出，这小鬼便会将家族正牌孩子们踹出鸟巢。林莺的歌喉对它自身来说亦是一个陷阱，这歌声使它成为爱好者及鸟栏供应商的高价猎物。丧命于笼中的林莺数以千计。当秋天来临，它渴望远行的时候，便会躁动不安，扑打笼杆。必须悉心照料才能让它们安然度过囚禁中的周期性危机。不过，那些得以继续享受美好自由的林莺一点也不拒绝时令佳肴。慢慢地，美味的浆果代替了在春季曾是它们唯一食物的昆虫；如同斑鸫一样，林莺也忘乎所以地大吃大喝一番，而 10 月里一场霜降提醒它们到了该出发的时候了。这趟新的征程在一个个漫漫长夜的庇护下进行，一家家或是一对对结伴而行。为了少飞越些海洋，它们多优先选择岛屿或半岛：它们在意大利、科西嘉、西班牙驻足休整。可怜的莺儿！它们可不知自己的身躯已成为舌尖的美味，亦不知这些岛上住着残酷无情的食鸟者。无貌无才，无艺无德，可得不到这些南部野人的恩惠。有什么比吃斑鸫、云雀、林莺和夜莺更简单的呢！何况咀嚼它们就是赏脸给它们荣光。

鸟群飞抵目的地时已大量减员。不过，有幸到达港口的旅行者似乎一点也没有丧失它们的好心情。歌声再次响起，因为林莺终究是林莺，在无花果树之国或是椰枣树之境都是一样。这便是这种幸福鸟的特性，在圈套、危难、哀伤接踵而来的一生中留存着自己的从容。这并非对他人不幸的冷漠，亦非不走心的随意轻浮。它爱自己的兄弟和孩子，它极能奉献自身，它对一切都亲和宽厚；然而它忽视了死亡，没为自己考虑，也没考虑别人。它活着，并为鲜活的生命而善良着。生活是什么，如果不是爱、歌唱，还有飞舞？它从上天那里获得了永恒欢愉之恩惠，那是古人独赋予众神的这份快乐中极致的无忧。都说林莺变得稀少，但这逐渐远离的一族可为此歇曲停歌？若是，因上帝不悦，它必须彻底离去，末了的那只林莺也会鸣着它的终曲而消逝。

绿篱莺（左页图）

谨慎而敏感，这种名为篱莺——引经据典的名字——的鸟儿，是法国南部的孩子，在我们这方土地上只现身一回。它耐心地等到春暖花开才姗姗而来；4 月底，或者甚至 5 月初的那些日子之前，可不怎么能够看见它；它在开花的灌木丛、果园还有花园里安家；它在那里筑起精致的窝巢，编织得漂亮典雅；它抚育自己的小家庭；之后，自 8 月起，它便召集全家，启程去往更温暖的国度。

这是一种优雅的鸟儿，穿着讲究、样式精美。它肩上披着一件灰中略带青色的斗篷，这斗篷大大敞开着，好露出束着喉部及胸部的稻黄色长款紧身衣。机智的脑袋，从容洒脱，比林莺更纤细灵巧，头发是灰色的，唱歌的时候便会翘立起来。嘴部小巧可爱，淡粉色，镶着与生俱来的黑色胡须；乌黑的小眼睛炯炯有神。

篱莺来到我们身边时，田园正沉浸在满满的欢愉之中。樱桃树大多已卸去了春日里用来装扮自己的明媚雪花；不过，梨树和苹果树，作为咱们牧场里的荣耀，正被白色和粉色的花冠压弯了腰；丁香在树丛间散发着芳香，蝇虫开始围绕着花楸嗡嗡作响。牧场草高，公园里花坛如鲜花盛开的花圃，玫瑰丛也覆上了第一波花苞。燕雀已在花簇里欢歌多时，林莺在所有灌木丛里都挂上了粗制的窝巢，而乌鸫则黑不溜秋地站在滴水檐边唱了许久的赞美诗；管弦乐队得齐全，可不能再缺少篱莺，这个有着灵活嗓音的家伙将要挨个儿模仿燕雀、乌鸫和林莺，用它们的曲调配成自己不竭的杂曲，将大家伙儿全部取笑一番。

因为这便是篱莺别具一格的天赋，所有杂曲爱好者梦寐以求的才能，天知道得有多少爱好者！人们竭尽所能想要饲养这位灵巧的艺术家，但往往不能成功，因为这得极其谨慎才行。一不小心，它便命丧笼中！寒冷会要了它的命，火炉的气味会要了它的命，香烟的烟气会要了它的命，所有臭味都会要它的命。必须得像对孩子一般对待它，给予它雅致整洁的环境，永远都只让它呼吸干净的空气。它的笼子得比摇篮照顾得更尽心。人们能养成的只有二十分之一。这是一种野蛮残忍的行径，毫无怜悯之情才会去寻求这种伤亡众多的乐趣。

不过，我承认，篱莺即兴创作的杂曲确是个迷人的玩意儿。人们可以不太喜欢音乐家为歌舞咖啡馆的乐队从容写出的混成曲：那是一种通俗音乐，是各类音乐中最末流的一种，如果这还算是一类音乐的话。然而，谁敢指责这小鸟，批评它拿同行取乐、暗搓搓地盗用它们的歌曲？看看这家伙：它正在花楸树枝上，藏在叶子间；它站得笔直，喉咙胀大，装点在脑袋上方的灰羽毛竖立着、摆动着，没有间歇，连着几个钟头，它都在精力充沛、兴致勃勃地放声歌唱，融合了含糊记忆和原发灵感，嘲讽与热忱并存。它以某种乐曲套路起头，很快，其中便突显出节奏亢进有力的段落。如果遇到了一个喜欢的主题，它就不断重复，以此为副歌，一段完了再来一段；之后，突然间，换了个新的音色，它刚才在唱歌，现在则是逗乐：这是燕雀的滚奏装饰音，那是林莺的长笛；这是乌鸫的中提琴，那是斑鸫的赋格曲……呵，歌鸲（夜莺），您可没能幸免，林莺的两段副歌间滑过的是您那突出的长音，是您响亮的延长号声。然而，这机灵鸟儿还没到江郎才尽、惊喜不再的时候，它具备了人类声音的音域，叫声就像我们的笑声，这不是莫扎特，这不是贝多芬，不过，有时倒是帕格尼尼。在它组织精巧的曲调里，我们听到乔装蒙面者正在走过，就像《威尼斯狂欢节》中一样。

你们这些依靠花汁而活的小飞蝇、金龟子，好好利用大师忘我的这长长几个小时吧，可别等到它结束了才逃离它身边芬芳的伞形花序，要知道，鸟儿唱着唱着胃口可就来了。它一停下，就会卧在树枝上，伸长脖子，一心只想着蹲守附近那不幸迷路的糊涂虫。那糊涂虫可别指望自个儿敏捷的翅膀：敌人不会追逐它；只会等着它，蛊惑它。这双亮晶晶的眼睛盯住它，一动不动，目光中有种吸引力。落在这目光中的飞蝇便是只晕头转向的飞蝇。它会心不在焉地在周围飞上一会儿。然而，魅惑见效了；它靠近了，于是，没别的什么动静，只是一张漂亮的粉色小嘴瞬间一动，它就消失了，被吞没了。眨眼工夫，第三只以同样方式消失了。接下来，恢复了元气的魔术师又变身为音乐大师，重操旧业，再次开始鸣奏起它的杂曲啦。

欧柳莺（上页图）

在我们这个纬度的地区生活着两种柳莺：一种名为欧柳莺；另一种叫作叽喳柳莺，或敏疾尖喙莺。

它俩都是小个头，后一种尤其如此。此外，它们长得实在太过相似，人们非常容易将其中的一种当作另外一种。都是一样瘦小的身躯，纤长而非短胖，生就适于叶丛中飞掠旋舞；都是一样的色调，翅膀和背部是灰绿色的，喉咙与胸部则是淡黄中夹带着白色；都是一样小巧可爱的喙，还有那亮晶晶的眼睛。区分它们最明确的办法是注意观察它们的爪子，欧柳莺的爪子是肉色的，它亲兄弟或者表兄弟的爪子则多少有点发灰。另外还有些差别则是在身长、初级飞羽长度、筑巢、鸟蛋，尤其是鸣叫方面。至于习性，则基本相同。

这两种柳莺、戴菊还有鹪鹩是我们这里的蜂鸟。叽喳柳莺几乎不比戴菊重，尽管它的身体要略长一些。不过，戴菊是一种强壮的小鸟，不畏山区的严冬，而柳莺则是种敏感的生物，4月的寒冷常害得它的回归在我们乍暖还寒的多变天气中显得昙花一现。叽喳柳莺在3月中旬回到我们这里，欧柳莺则还要迟上半个月左右；它们俩都把家安置在树种丰富，少松树，多山毛榉、栎树及树下灌木丛的树林中。它们把巢藏在大片低矮的灌木里，最常见的便是直接安在地面上。这种鸟巢为蛋形，从上面封住，出入口在侧边，叽喳柳莺会将口子开在高度的三分之二处，欧柳莺则更低些，不过总是尽可能地窄小。所有这些措施都是为了让鸟巢混淆于枯叶和干草之间。大家从其上方跨过，看见鸟儿从里面飞出来，又飞走了，却绞尽脑汁怎么也找不到鸟巢。这巢体够结实，编织紧凑；内里加垫了羽毛以及所挑选的其他材料，总归都是轻薄保暖又柔软丝滑的材质。

柳莺只在迁徙的时候旅行。此外，它们都是举家生活在一处，总在同一地点，总是相聚不离：父亲，母亲，还有春天出生的两窝雏儿。人们很少看见它们，但总能听见它们的动静，因为它们一直坐立不安，鸣叫不止。欧柳莺的叫声有些单调，蕴含着程度略有不同的伤感：“嘀、嘀、嘀”，“丢、丢、丢”，“嘚啊、丢、呔哒”；【d】是唯一一个分隔众多发音的辅音；而叽喳柳莺则欢乐诙谐，会唱：“呔了么、嘀了么、咄了么”，“嗞了噗、咋了噗、嗞了噗”，甚至是温柔而拉长了的“哎呔嘚哒”。它们的战吼“吁咿嘚、吁咿嘚”，上百次重复不停，告诉那些前来巢穴骚扰它们的投机分子没什么好处可得。它们有蜂鸟的激情狂躁，和其弱小相比，那真是猛烈。它们不知危险，无论什么样的敌人，都猛冲过去，树林里充斥着它们愤怒的叫声。在这些小风暴中，它们有趣极了。可惜，人们不怎么能够观察到它们；它们会以迅敏的动作甩掉跟踪的目光；

之后，它们几乎再不从树叶丛中出来了。它们似乎对强大的猛禽毫无畏惧。偶尔，它们穿越开阔的空地时，也不会流露出一丝担忧。这点，它们和山雀不一样，它们也不学山雀秋天漂泊流浪的做法；但是它们围着树枝、树叶捕食的嗜好倒是和山雀很相像。只是，山雀捕食的时候是用爪子和喙悬住自己，玩着杂技演员的平衡特技，而柳莺则在飞行时捕猎，翅膀是一直挥动着的。正是在飞行过程中，它啄住了蚜虫、尺蛾、蚴等等所有可以藏匿在树叶下的小虫子。它也在飞行中捉苍蝇吃，这是它偏爱的猎物；不过，一只苍蝇对这娇小的鸟儿来说已是硕大的食物了，当它捕捉住一只，便得停在树枝上一口一口地把它吃掉。

欢乐幸福而又深居简出的柳莺，永远在忙碌，从来不远行。它只在迫不得已的时候迁移，并且立刻钻进新家中闭门不出。往往，它会在林中自己的那一角落里度过整个季节，从不出来。这最快乐、最活跃的小巧鸟儿那精妙的智慧呵！远方复何求？何处可遇比那树皮上覆着的青苔、细茎末颤动的树叶更美之物？何处还有比那交错树枝的间隙、叶簇的高拱和穹顶下更丰富的视野？何处微风呢喃更细密，何处阳光身影更斑驳？何处又可寻到更妙的猎场，四周围绕着更宜飞舞与跃动的篱墙？巢，为生地；树，即世界。远方复何求？

夜莺（左页图）

“艺术家，”米什莱道，“夜莺是位艺术家！”

它并不总是。十二个月中的八至九个月里，它只有轻微的叫声，一点也不悦耳。夏末时分，父母和孩子们在树枝间飞舞，“咔——咔！……咔——咔！”小夜莺说。“嗝！嗝！”父母回应道。它们十分忙碌，捕食虫子，大大消灭了昆虫、飞蝇和小蚯蚓，中途再加些接骨木浆果作为甜点：它们正为迁徙积聚力量呢。到了 9 月，它们便启程了。它们趁夜悄悄缓行，有的独自行动，有的举家搬迁，有时躲藏在灌木丛里隐蔽自己。它们并不是直直飞向南方，像燕子那样；它们更多的是追寻东方，那些太阳升起的国度，因此，春天，它们是从埃及和叙利亚回到我们这里来的。

将近 4 月初，夜莺重新回到西方的住地，总体来说，大量分布在意大利、法国及德国。雄鸟最先到达，它们前来为自己挑选一块领地。它们既不中意浓密茂盛的森林，也不要一览无余的草地。它们青睐草地林荫相映成趣的地方，喜欢灌木树丛，喜爱遍地鲜花、河水淙淙的山谷，钟情光影重叠、景色明媚之处。它们并不畏惧人为打理的环境。巴黎市内的公园是世界上夜莺最多的地方之一。它们所畏惧的是相互间距离过近。人们甚至指责它们性格太糟，好妒忌、专横独行、不能忍受附近有其他种类的鸟儿。这些情况在鸟栏中的确属实，它们在那里面养成了社交冷淡的脾气，总是希望自己优先受到服侍。然而，这肯定不是它们天然的性格特征。囚禁，它们并非生就为此，是这一遭遇使其变得悲伤而凶恶。更为确凿的一点是，这小小的鸟儿其实是个大吃货。这是个食肉的家伙。如同鹰、鹫一般，它自定了一块围猎区域。比雄鸟晚几日，雌鸟也抵达了，于是夜莺一族自行配对。大自然似乎乐于给此事制造麻烦。说起来雄性可要比雌性的数量多。因此，对领地和配偶的双重分配伴随着激烈的争战。

如果人们想捉只夜莺关在笼子里，应该在它们刚到达、结成夫妇之前下手；否则被捕的丈夫会哀伤而死，而它的遗孀则会任由窥伺无主领地的一位编外“人士”前来抚慰。我们了解艺术家夫妇的生活。雌鸟在最矮的树枝上筑巢，或者甚至经常建造在地面上，在那蔓生的长春花和常春藤之间。它将巢藏得很巧妙；其余方面，它既不怎么讲究艺术性，也不寻求奢华。夜莺实在是太放荡不羁了，才不会以追求物质享受者的那种严肃认真来建造窝巢呢。几片树叶做支架，成为鸟巢的外墙；一片不太粗糙的绒羽铺在巢内。不过，雌鸟是怀着满腔热情来孵蛋的，并且，一般情况下，一年只有一窝蛋，所以它的热情更足了。只有到日暮降临的时候，它才撇下蛋一小会儿，急急忙忙地吃几只小蚯蚓充饥。它时常对孵育事业太过全神贯注，没能听见那些夜晚出没、心怀叵测的家伙前来的动静：黄鼠狼啦，狐狸啦，连母亲带鸟蛋一口就能吞下肚。雄鸟白天都在捕食或者睡觉。我们猜它睡得不太安稳，好似在梦中歌唱一般。夜晚，它留宿在离巢不远的枝头，不一会儿，几个音符便宣告了它不再是秋天那会儿的“嗝！嗝！”声了。春天来了，夜莺找回了自己的歌喉。

许多鸟儿不过是在聒噪、咝咝啾啾地吵闹罢了，夜莺则是歌者之王。它比斑鸫更精通音乐？那倒不是。但它的相关能力另有表现。斑鸫一上杉树枝头就控制不住自己，它的歌声是一曲颂歌。夜莺的歌声则是一首乐曲作品，一部交响曲。另外，夜莺的声音更为训练有素，音域更为宽广，音色更为明亮有力，艺术表现力也更加丰富。懒懒散散地栖在树枝上，翅膀半耷拉着，它张大了喙，好让音符更加清亮干净地迸发出来。它懂得聆听对手，并向它们的流派学习。它细听自己的歌声，喜欢返送旋律的回声。它还晓得忘我投入；它也有自己的气息训练，它并非狂热谵妄；或许，更胜一筹：它心醉神迷。

对于夜莺来说，在夜晚歌唱是一大优势。如同真正的艺术家一样，它需要静谧，好让任何细微差别都明晰突显，每一音符音调均清楚可闻。它的曲子似乎是为赞颂美好春夜之华丽与欢愉而作的。有时，月光为散发着芬芳的树丛披上一层青晕，树丛的清影笼罩着它，它便受这纯洁轻盈、宜于倾诉的月光启发：它满怀无可言喻的忧愁、叹惋、无尽的温柔。有些时候，它似乎为苍穹之壮丽而入迷赞叹；上天的荣光映照在它那均匀清晰的滚奏中，那音符如天空中繁星般闪烁光芒。

普通人及诗人们深信夜莺为自己的雌性伴侣而歌唱，博它开心，以缩短它孵育工作的时间。那个声名显赫的布封——有时太过受人诋毁，曾较为笨拙地对此进行嘲讽。不过，他承认是爱情让夜莺歌唱。我们不用过多抱怨了。爱情至上，因此诗意的偏见也有其充分的道理。我们注意到所有的鸟类，在窝巢添丁的季节里，都会才艺精进。只善啁啾者愈加鸣叫有力；咝咝发声者愈发热情四溢。然而，夜莺身上的变化比其他鸟儿更大。它身怀异禀。这并非一只平凡的鸟儿，它才华同爱情齐至。爱情成就了它，它成了艺术家，是歌声响自树林与草地深处的众位艺者中最伟大的那一位。

苇莺（上页图）

如果必须从这些众多的介绍中总结出些结论，那便是地球表面各物种据其天然属性或后天习性而形成的布局值得关注。当我们将树上的鸟儿与那些定居在地面上、牧场里、麦田中、欧石楠丛生之地、平原沼泽等所有可以活下去的地方的鸟类进行对比的时候，这种分布安排就更为惊人。诗人曾如是言：各有其适宜宝地，其庇护之所，其隐居之处。

此时，我们介绍的这位的名字便已经指明了该去哪里寻找它。法文中，phragmite 一词有两层含义：一种叶子尖长、大大的穗状花序呈赤褐色羽绒状的芦苇，我们的池塘边或湖泊畔常种满了这种芦苇；一种体形很小、红棕及栗色的背部正好是上述湖边植物花序色彩的鸟儿之名，春天时，人们会在那里看见它飞舞，听见它歌鸣。所以这是位湖滩的客人。它需要水，需要芦苇的点点颖果、香蒲的彩色条段、黄色的鸢尾花、睡莲的白色花朵、丛丛坚韧的薹草、几株垂枝拖入湖底淤泥的矮柳树，或者干脆要一棵桤木，那是景色之冠，细长的柔荑花序垂挂在不甚稠密的枝干上。

苇莺将巢安在矮粗的柳树丛中，或是在水中萋萋草丛之间的相对较高处，以免水浪淹没了它的蛋。周围，猎物多多。色彩缤纷的蜻蜓颠簸飞行着，黄足豉虫反射着钢板的光泽，只见它们滑过黏腻的池塘水面；地面潮湿的热气引来的苍蝇，盛满水的坑穴里或游着，或匍匐，或陷入泥泞里的昆虫：这些便是它盛宴的食单。这附近飞来飞去靠捕虫而非捕鱼为生的鸟并不太多；因此，它没什么竞争对手，生存于它来说便简单起来了。苇莺可不会放过这一享受。它东逛西逛，游手好闲。它想要昂首而行，像鸫鹟一样，脖子顶着脑袋，肩膀扛着脖子。可它那通常低垂的尾巴，终是给了它一副懒懒散散的模样。它会在某些钟爱的地方停留许久；它用喙梳理梳理自己的羽毛，晒晒太阳取取暖，合着眼睛做做梦，打打瞌睡。它没有住在林中或流水旁的鸟类那惯有的欢快。沙岸的忧郁，湖水单调的浪潮声，湿热腐朽的池沼中升腾起的沉沉雾气，似乎都影响了这个生就为啾鸣跳跃、拥有翅羽的生命的性格。它像河岸边的孩子一样，成了沉思者。

只要愿意，苇莺是知道如何灵敏行动的，因此这份对遐想的爱好更加惹人注目。人类甚少能打扰到它的清静。它对此无需更多自信。人们一旦接近，苇莺便以鸫鹟之迅敏逃开去了，和后者一样，它也喜欢隐蔽之处及草木丛生的地方。用餐时间一到，它便成为灵活的捕猎手。来来回回，跑跑找找。所经之处，薹草和芦苇颤动战栗着：一时间，它身在四处。昆虫无一行动够快而能逃脱。当它要突袭一只飞蝇时，只见其高昂着小脑袋，前伸着细长小喙疾驰而去，榛子色的双眼闪着狡黠的光芒。这是种可爱、纤长又优雅的鸟儿，再不会让人联想起鸫鹟，可以说，它是林莺的微缩版。

在短暂的交尾季节里，它不再那么敏捷，但在可能的情况下，会变得更为活泼机灵。这是我们有最多机会来接近它、观察它的时候。它放弃了藏身处，冒险飞到最高的草尖上，甚至突然跃起，在空空之处向前方冲去。大部分鸟儿的爱情都是冲动冒失的：它们若不向每一位来宾宣布消息，便不晓得怎么恋爱。共有的天性让它们挺立高唱喜歌。不像斑鸫有冷杉可用，苇莺时而在因叶多而略弯的茎秆上歌唱，时而在香蒲的彩色条段上，在筑巢的柳树枝条上，或在桤木或旁边桦树的细长枝干间歌鸣。同遐想一样，它唱歌也有青睐的场所。它从一处换到另一处，在高处跃冲，每一处停留一会儿，恰好是唱完一支歌的时间。这曲子并不长，却充满活力又均匀清晰：一首短小而如笛声的莺歌，为它永恒伴唱的是那芦苇幽怨的微微簌响和那湖滩砾石间前仆后继消失的波浪的低语呢喃。

（本章由高璐、侯镌琳编译）

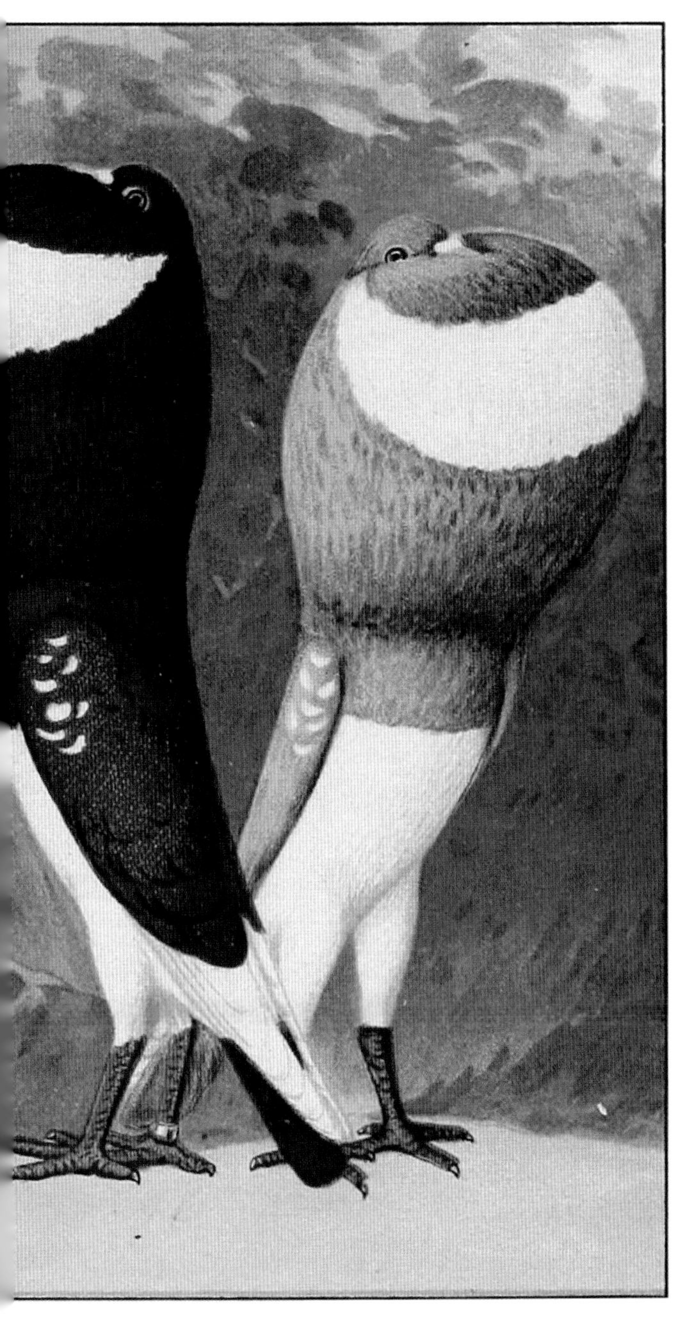

沙赫特察贝：最惊艳的鸽子

作　者

E. Schachtzabel

埃米尔·沙赫特察贝

书　名

Illustriertes Prachtwerk sāmtlicher Tauben-Rassen

手绘最惊艳的鸽子图集

版本信息

1906 Druck und Verlag der Königl. Universitätsdruckerei H. Stürtz A. G., Würzburg

埃米尔·沙赫特察贝

埃米尔·沙赫特察贝（1850—1941），德国政府官员、作家和鸽子爱好者。1894年，他参与创办了德国彩鸽协会。1921年至1934年，担任德国鸟类饲养联合会的主席。

沙赫特察贝曾任萨尔河畔哈勒市的市政府高等秘书。他积极参与推动鸽子的范本描述工作，1906年出版了《手绘最惊艳的鸽子图集》一书，收录了100幅精美的鸽子图片。后来他又加以补充，这本书一版再版，至今盛行不衰。

2000年3月15日，沙赫特察贝诞辰150周年，图林根鸟类饲养协会为他竖立了一座纪念雕像。

Jllustriertes Prachtwerk

sämtlicher

TAUBEN-RASSEN.

Hundert farbige Bildertafeln mit über 400 nach der Natur aufgenommenen Darstellungen nebst Musterbeschreibungen

von

E. Schachtzabel-Halle a. S.

Würzburg.

Druck und Verlag der Königl. Universitätsdruckerei H. Stürtz A. G.

《手绘最惊艳的鸽子图集》扉页

埃米尔 · 沙赫特察贝画像

饲养鸽子能够陶冶性情，对整个动物界也能起到保护作用。

千百年来，鸽子深受世界上几乎所有民族的人民喜爱，没有什么力量能够将这种喜好压制住，甚至法律法规和其他措施也没能真正阻止这一有益的追求。

饲养鸽子，有人是出于单纯的爱好和对理想的追求，有人则是为了满足口腹之欲。这两种动力都促使人们去驯养鸽子，拓宽了鸽子分布的地域。禁止人们饲养名贵的鸽子——这样的事屡见不鲜——是没有什么意义的，因为这样的鸽子不像平常的野鸽那样在农夫的耕地上觅食，而是年复一年地由主人饲养，受到精心的照料。主人把它们视为珍宝，不会让它们落入猛兽的利爪，也不会让它们成为贪婪残忍的狩猎者的囊中之物。我们希望这种爱好长盛不衰，因为它会阻止很多无益的行为，尤其是，饲养和照料这样的动物能够陶冶性情，使人保持青春活力，对整个动物界也能起到保护作用。

虽然鸽种的培育无疑古已有之，但是必须承认，一直到相对晚近的时期才取得重大成果。原因在于，早期饲养者之间缺乏思想交流，也很少进行品种交换。可以说，人们老死不相往来，在饲养过程中大都按照自己的好恶，不能得到可靠有效的指导。随着邮政和轮船等现代交通工具的出现，养鸽的繁荣期明显到来，因为通过这样的工具，获得新品种或新鲜饲料已不是什么难事了。19世纪，在最重要的交通工具铁路问世之后，特别是在人们发现可以在专业杂志以及书籍中学到知识以后，现有品种改良和新品种培育很快便呈现出欣欣向荣的景象。

本书是克拉曼袖珍本禽类饲养丛书的补卷，是我们呈献给读者的一本精美之作。广大的鸽子爱好者和饲养者想必早就感到，出版这样一本有关鸽子的图解本经典著作势在必行。

达尔文用强有力的证据表明，当今所有鸽子的祖先都是普通岩鸽。岩鸽历经数百年而演化出一类群体，它们在身体结构、羽毛的颜色和花纹上都具有独有的特征，而其保护者，即有思维能力的人，能够借助适当的配种措施培育出不同的品种。不同品种的形成是第一个目标，完成这一目标后，就需要保存那些我们认为是自然珍宝的品种，使它们接近完美。本书的出版就是为了帮助饲养者实现第二个目标。我们希望，本书能够填补鸽子品种培育领域存在的明显空白，培养和提高人们的欣赏品位。因此，新手可以把本书作为有益的教材，饲养者则可以从中得到可靠的建议。本书中展示的动物可以向世人表明，有哪些目标还有待我们努力去实现。此外，希望本书能够为不断壮大鸽子队伍、提高饲养水平有所帮助。

“人工产品是不完美的。”因此，我们充分认识到，我们所提供的并不是一本对每个人来说都“完美”的有关鸽子的书籍。但是我们希望，本书能让每个饲养者都有所获益，如此我们的工作就是值得的。

我们要重申，在展示这些水彩画时，我们认为不应当对作品进行过度地美化，否则外行会产生错误的印象，提出无法实现的育种要求。我们的看法是，一本鸽子图集必须有一定的标准，所展示的典范和理想必须与真正的饲养者和爱好者眼前所呈现的图景一致。这样的典范和理想应该成为饲养者和爱好者的行动准绳，使他们不至于因为漫无计划而浪费时间。尽可能使鸽种的品质接近理想状态，这是我们要达到且必须达到的目标。

（编译自埃米尔·沙赫特察贝《手绘最惊艳的鸽子图集》一书的导言）

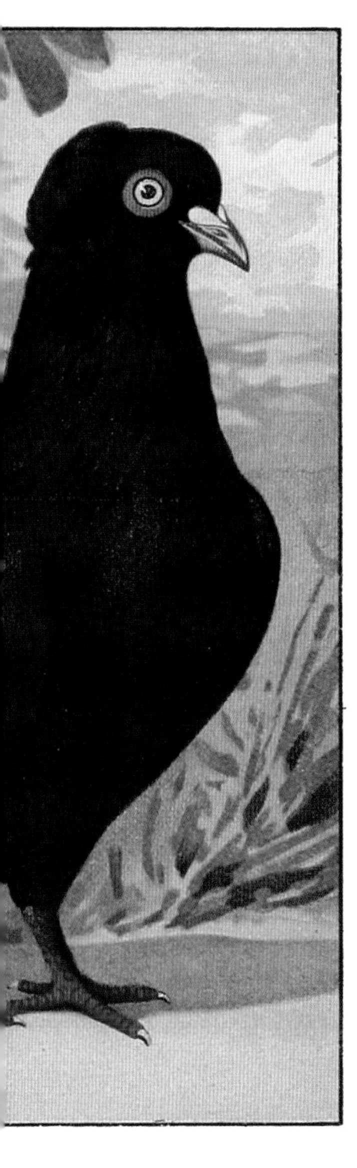

蒙托邦鸽

原产地：法国西南部，特别是蒙托邦市。

体积大小：比罗马鸽略小，从喙尖至尾部末端长 52—54 厘米。

体形：强壮，略微笔直，站姿较低。

头部：头骨宽，长而略平板，有贝壳状软帽拱顶。

喙：白色和有亮斑的鸽子喙为肉色，其他颜色的鸽子为红色和橙色，较暗。喙尖至嘴角 2.5—3 厘米，强壮。

眼睛：白鸽为黑色，黑、红、蓝和灰鸽虹膜为橘色；眼睛边缘红色，没有展开。

喉咙：曲线优美。

颈项：短，饱满，颈后的羽毛竖立。

胸：15—16 厘米宽，强壮而突出。

腹部：宽而浑圆。躯干到尾部长约 20 厘米。

肩部：强壮，大约 15 厘米宽。

背部：宽，没有拱形，一直向尾部倾斜。

翅膀：靠近头部的部分有些松散，长，一只翅膀展开约 48—49 厘米，两只展开约 94—96 厘米。翅尖几乎能触到尾部，松散地搭在两旁的羽毛上，没有交叉。

尾部：大约长 20 厘米，较宽，由强壮的羽毛构成，深蹲或直立姿态下鸽子尾部稳固地靠在地面上。

颜色和花纹：白色、黑色和有斑纹的。红色、蓝色、灰色和黄色较罕见。所有颜色都很鲜明。翅膀和尾部上面的羽毛颜色相同，其他地方颜色不同。

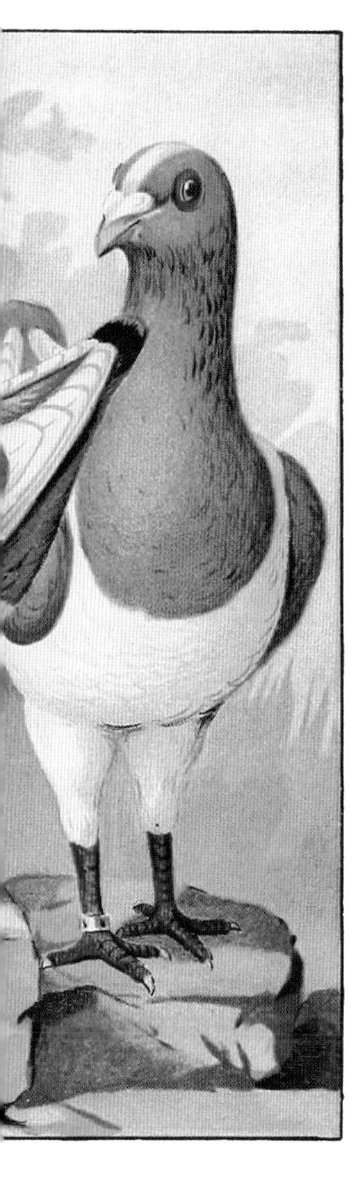

鸡斑鸽

原产地：奥地利。

体形：粗壮而姿容优雅。

头部：略长，中等拱形，从喙到额形成优美的弧形。

喙：肉色；较长而强壮，喙尖有些弯曲，蜡膜突出，非常宽而平。

眼睛：眼窝很深，大，边缘一圈朱红色，虹膜橘黄色。

颈项：长，上部细，直，喉咙曲线优美。

胸：宽而紧凑，没有分离。

腹部：羽毛丰满紧凑，尾部有些细软绒毛。

肩部：宽。

背部：宽，短，尾部朝上耸立。

翅膀：强壮，紧实地贴在腹部，不太长。

尾部：短，不太宽，略高，不垂直，不分离。

腿：长，强壮，大腿突出，伸展，脚趾长，双腿分开，鲜红色。

颜色：头部、胸部、翅膀和尾部彩色，其他部分白色。头部4—6厘米宽，从喙部经过头顶直到颈项是白色条纹。前颈和胸部也是彩色的。颜色分别有黑色、红色、黄色、蓝黑色、蓝色带黑色斑纹、鹿皮色、蓝白色、白红色带蓝色斑纹。后四种是非常稀有的品种。

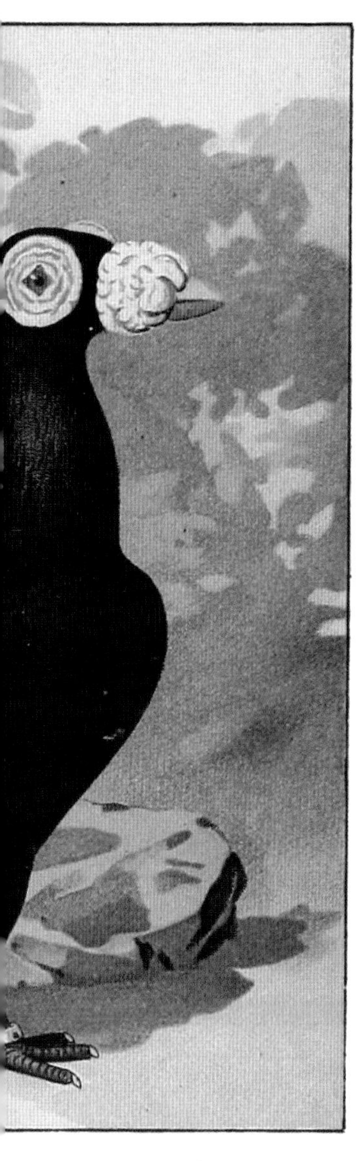

传送鸽

原产地：英国。

体积大小：从喙尖到尾部末端大约 43—45 厘米。

体形：骄傲，挺直，健壮。

脸部：直，从喙尖到眼睛中部 50—55 毫米。

头部：窄，平，头的后部呈鲜明的倒圆形。

喙：长，强壮，直，肉红色。

喙部突起：中间拱形，喙的上部和下部同样良好地伸展。

眼睛：黑色，虹膜橘色，大，生动。

眼部突起：均匀，由三个环组成，精巧，视力良好，环形。

喉咙：浑圆，同颈项和喙组成非常美好的曲线。

颈项：从上到下长而细。

胸：宽度适宜，不太拱。

腹部：不发达。

肩部：宽。

背部：长，平，向尾部倾斜，上背部略空。

翅膀：长，不交叉，能遮住背。

尾部：闭合良好，没有触到地面。

腿：大腿宽大，长而壮，小腿中等长度，非常强壮，脚趾长，分开。

颜色：黑色品种为深黑色。灰色品种为黑灰色（巧克力色），在阳光照射下，颜色变淡。蓝色品种为非常亮的蓝色（从未见白色的背部）。白色品种为纯白，没有杂色。

其他：羽毛短而硬，紧密闭合，紧贴身体。背部羽毛尖部非常有光泽。

龙鸽

原产地：英国。

体积大小：中等大小。

体形：紧凑，强壮，敦实。

头部：非常宽，不平，没有棱角，楔形头，即后部比前部宽。

喙：强壮，不怎么长，上下喙同样强壮。直，紧闭，钝。

眼睛：勇敢，热情，除了白鸽外虹膜都是红宝石色的。白鸽眼睛是黑色的。

喉咙：椭圆形。

胸部：宽，前突。

腹部：从胸部开始都是椭圆形的。

肩部：强壮，肌肉发达，闭合紧密，曲线优美。

背部：宽而平。两肩之间非常宽，向尾部渐渐变窄。

翅膀：健壮，在尾部上部紧密闭合，同鸽子体积相比较短。

尾部：短。

腿：短，大腿强壮，肌肉有力。

颜色和描述：蓝色、蓝色斑纹、红色、黄色、白色、灰色（胡椒和盐的颜色）、银色，以及银色、灰色和红色的斑纹。

喙部突起：从前往后渐渐增高，即后部比前部宽而高，三角形，结构精巧，闭合紧密，不粗糙，没有断裂，蜡膜只在上喙部。

眼部突起：同喙部的长度和强壮相比，突出长度适中，后部比前部略小，严实，结构精巧。蓝色鸽子有斑纹，银色和灰色非常暗。

总体印象：生动，强健，短小，敦实，果敢，坚强。

冰鸽和磁鸽

原产地：黑眼冰鸽产自萨克森，红眼冰鸽产自西里西亚，磁鸽产自西里西亚。

体形：比较敦实，33—35 厘米。

头部：椭圆形，额头非常高，非常平。

喙：长而细，黑色；鼻子突出小，白色。

眼睛：黑色，没有带颜色的虹膜。黑色斑纹的鸽子有橘色虹膜。

喉咙：曲线优美。

颈项：短，略微向前伸展，靠近肩部丰满，靠近头部细长。

胸部：宽，深，前倾。

背：两肩之间很宽，向尾部微微倾斜。

翅膀：中等长度，靠住尾部。

尾部：中等长度，紧密闭合，和背部成一条线，只略微向下。

腿：短，腿部羽毛长。

基本颜色：纯正的浅蓝色，非常亮，近似纯粹澄明的水结成的冰。

平足盾鸽（上页图）

原产地：巴伐利亚、图林根和德国南部。

体形：类似岩鸽。

头部：窄，略拱，额部略高。

喙：中等长度，基部强壮，颜色鲜亮。

眼睛：颜色黑，眼睛边缘肉色。

喉咙：略圆。

颈项：长度适宜。

胸部：有点宽，前突。

背部：靠近肩部更宽，靠近尾部略微倾斜。

翅膀：长，紧贴而闭合。

尾部：长，闭合，比翅尖略长。

腿和脚：鲜红色，有点强壮，不高。

颜色：黄色、红色、蓝色，黑色纹路。

孔雀鸽（右图）

原产地：印度东部。

头部：小，精致，像蛇一样，没有拱形圆顶。

喙：精致，白色、红色、黄色鸽子的喙部是肉色的，黑色和蓝色鸽子的喙部是黑色的，中等长度，前部喙尖有点弯曲。

喙部突出：小而平。

眼睛：白色鸽子的眼睛是黑色的，彩色孔雀鸽的眼睛是珍珠色的。

颈项：精致，略微优雅弯曲。颈项长度同背部长度相符。

体形：小，短而圆。背部有些中空。

尾部：尾部的羽毛非常高，上下都能遮住。

腿和脚：腿非常短，脚很小，精致玲珑，鲜红色。

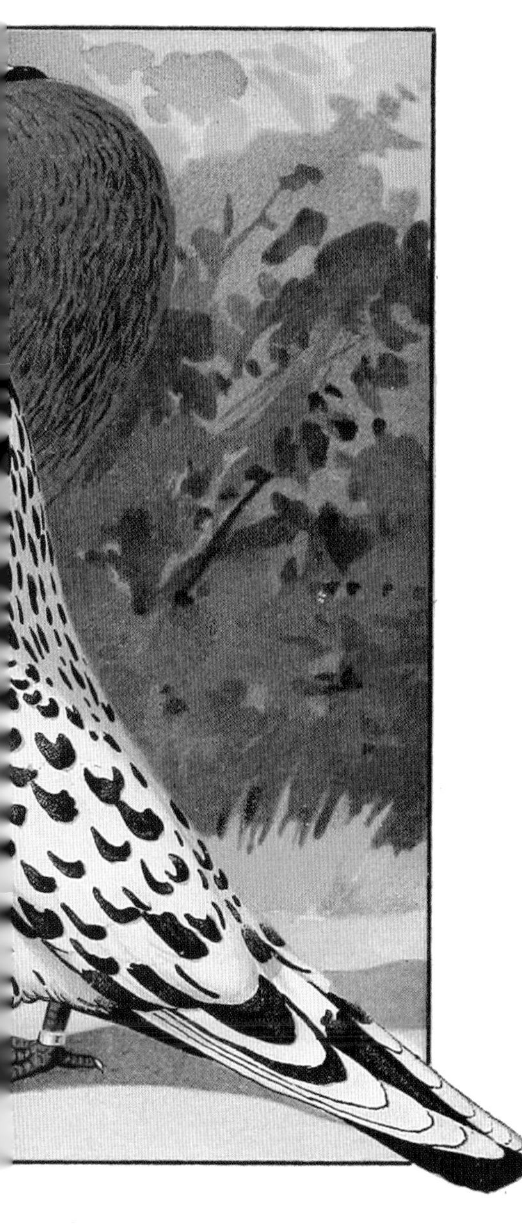

古德意志鸽

原产地：德国。

体形：姿态低，伸展较长（46—48 厘米），不直立，外表多肉而可爱。

头部：大，平而宽，额头圆，平滑而有拱。

喙：长而强壮，颜色随着羽毛颜色或明或暗，喙部突起不明显，似撒了白粉。

眼睛：白色鸽子的眼睛为黑色，其他颜色鸽子的眼睛是黑色带黄色或橘色虹膜。

颈项：越长越好，突起大而长，一直伸展到胸部。

胸：宽，突出而短。

肩部：宽。

背部：长，朝向尾部呈现倾斜的线条。

翅膀：长而宽，触到尾部，有时翅尖还超过尾部末端。

尾部：长，宽，不是和背部成一条线，而是和翅尖一起上翘。

腿：短，强壮，没有羽毛，脚趾非常长，大腿被两旁的羽毛遮住。

颜色：白色、黑色、蓝色斑点、白色带红条、花斑。

翻头鸽

原产地：德国西北部。

体形：娇小，长度 34—36 厘米。

头部：圆，额微拱。

喙：中等长度（1 厘米），红色和黄色鸽子的喙是肉色的，黑色、蓝色和银色鸽子的喙是黑色的。

眼睛：珍珠色，眼睛边缘很窄。黑色和蓝色鸽子的眼睛边缘是黑色的。

颈项：短，紧凑，向后弯曲。

胸部：圆，宽而突出。

腹部：短，向上拱。

背部：直，向后倾斜。总体上非常短。

翅膀：紧凑，非常接近尾部。

尾部：长度适宜而紧凑。

腿和脚：非常短，没有羽毛。

颜色：黑色、红色、黄色，蓝色和银色比较少见，头部、翅膀和尾部有颜色，其他部分为白色。

（本章由金建编译）

1/3

ANAS BOSCHAS

弗兰克·芬：被猎杀的鸟

作　者

Frank Finn

弗兰克·芬

书　名

Indian Sporting Birds

印度被猎杀的鸟

版本信息

1915 by Francis Edwards, London

弗兰克·芬

弗兰克·芬（1868—1932），英国鸟类学家。出生于英格兰东南部城市梅德斯通，后在牛津的布雷齐诺斯学院就读。1892 年，他前往东非收集标本，两年后又成为加尔各答印度博物馆的首席助理主管，后升为代理主管。而后返回英国，1909 年至 1910 年成为《养鸟杂志》的编辑。

芬是一位多产的作家，他一生著作很多，其中包括《印度花园和飞鸟》《印度鸭类探奇》《加尔各答的鸟》《印度水禽》《鸟类学杂谈》《英国鸟类的卵和巢》《印度被猎杀的鸟》等。

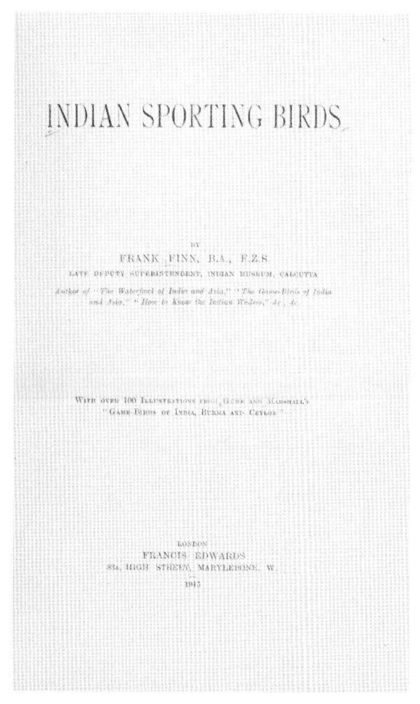

INDIAN SPORTING BIRDS

BY

FRANK FINN, B.A., F.Z.S.

LATE DEPUTY SUPERINTENDENT, INDIAN MUSEUM, CALCUTTA

Author of "The Waterfowl of India and Asia," "The Game-Birds of India and Asia," "How to Know the Indian Waders," &c., &c.

WITH OVER 100 ILLUSTRATIONS FROM HUME AND MARSHALL'S "GAME-BIRDS OF INDIA, BURMA AND CEYLON."

LONDON

FRANCIS EDWARDS

83A, HIGH STREET, MARYLEBONE, W.

1915

《印度被猎杀的鸟》扉页

1869 年，一位探险家在印度奈尼塔尔发现巨嘴织布鸟，后来芬在加尔各答附近再次发现了这种鸟，学界有人将其称为芬织布鸟。以下是芬本人在书中的记述：“另有一种鸟，虽很少见，但仍值得一提。那就是巨嘴织布鸟，它经常被与黄胸织布鸟混淆。事实上，雄性巨嘴织布鸟在冬天和普通织布鸟羽毛颜色很像，但是明显体形偏大，好似鸣冠雉。它们颜色更深，没有那么多斑纹。我发现，雄性巨嘴织布鸟在夏天有所不同，颜色变得更黄，只有羽翼和尾部保持以前的褐色，其余部位全是黄色。最近我的朋友哈勃先生捕到一只巨嘴织布鸟，是在加尔各答发现的，后来又发现了 12 只之多，还带到英国展出过。”除此以外，芬还与博物学家阿尔考克合作，描述过 3 种爬行动物。

印度在鸟类的富饶方面无与伦比，这里应有尽有，还包括很多珍奇的种类。

印度是一个神奇的国度，不仅有古老的文明，还有丰富多样的物种。尽管人类不断地捕杀，大量的动物种群仍在此繁衍不息。充足的哺乳动物自然吸引了猎手的注意，当然，捕鸟也是人们的兴趣所在。在印度，数量庞大的害鸟各式各样，为这项运动提供了丰富的平台。事实上，这些长有羽毛的破坏者肆无忌惮，在田间地头到处作乱，人们不得不放毒蛇、鳄鱼、蜥蜴等天敌对付它们。害鸟随处偷吃作物，成群结队，而印度人本身又多为素食主义者，不杀生灵，导致大面积的农产品损失。

其中最糟糕的便是野生的鹅与鹤，鸭类对水稻的破坏也不小，捕杀这些鸟可以造福农业劳动者，又能娱乐取食。此外，我们捕到的大多数野禽都是候鸟，它们在北方产卵，源源不断。当然，死在猎枪下的还有一些无害的鸟类，如沙锥鸟和金鸻，另外还有鸨等。在狩猎期间，猎手们应该特别关注。同样需要关注的还有雉属鸟类，其中大多不是候鸟，资源有限。在欧洲和美国，秧鸡经常被捕杀，但在印度尚未兴起。博物学家休谟认为值得将印度秧鸡画下来，还有水鸡和黑鸭。它们多数在冬天迁徙而来。印度捕猎雉属鸟类之风不比欧洲，但大规模的射杀也该引起重视，相信在不久的将来，它们会得到系统的保护。诚然，印度在鸟类的富饶方面无与伦比，这里应有尽有，还包括很多珍奇的种类。

罕见的鸟类不仅令猎鸟爱好者感兴趣，还吸引了博物学家来试图研究其习性以及外貌。它们的迁徙规律、常见鸟的变化和罕见鸟的发现情况都值得学界研究，许多学者针对这一领域出版过相关著作，如休谟和斯图亚特·贝克先生等。

在记录罕见的鸟时，并不一定需要猎手提供此鸟的皮，只需该鸟的头、翅膀或者脚做好防腐便可以了。对于特别大的鸟而言，一个头就可以了。而对于沙锥鸟来说，尾部就是识别它们的最好证据。本书使用的鸟名皆是印度鸟类名录中的，专门针对印度鸟类。

（编译自弗兰克·芬《印度被猎杀的鸟》一书的前言）

绿头鸭

和北半球的野鸭相比，绿头鸭在印度的数量并不算最多，但作为我们家中饲养的鸭子的祖先，它有资格成为鸭类的典型代表。任何研究该种鸟类的专家，都无法躲避对绿头鸭的关注。

它们的头部绿色，白领，胸部巧克力色，尾羽卷曲，呈黑色，羽翼上有漂亮的蓝白交会的斑纹。然而雌性绿头鸭身上有棕色的斑纹，这和普通野鸭一样。雌鸟的特点是羽翼上蓝底白边的羽毛。它那蓝色的标志与其他任何鸭类都不同。雌性绿头鸭的喙是深橘色，嘴尖部位有暗黑色块斑，雄性此处是灰绿色，有时偏黄。值得一提的是，公鸭脱羽的时候喙的颜色并不会改变。在换羽的阶段，绿头鸭的颜色都和母鸭大体相同，头冠和后背黑色，有褐色斑纹。小公鸭的初羽和母鸭差异不大。脱羽期间，初级飞羽脱落，因此有几周的时间它们不能飞行。在北半球的大多数鸭类中，这是一种常见现象。不过奇怪的是脱羽的时间在夏季，此时其他的鸟类都已羽毛成熟。

不过为了秋季求偶时换上新装，夏季换羽也是有道理的。

在印度，绿头鸭在野生环境下重2.5—3磅，有的甚至达到4磅。母鸭大约两三磅。家养的绿头鸭不比野生的大多少，尽管前者看起来大些。在当地狩猎时，猎手们应看好再放枪，因为很容易将它们混淆。

在印度的西北地区，绿头鸭有所出没，但不多见，而在孟买，没有人听说过这种禽鸟。像流浪者一样，绿头鸭寄居在北部省份，贝克先生曾说，它们在卡恰尔很常见。但在西北部打到的鸟中，确认是否是绿头鸭很重要。当然，羽毛丰满的公鸭是极易分辨的，但有些其他鸭种长相酷似雌性绿头鸭，有的甚至也有蓝色的羽翼。绿头鸭在克什米尔产卵，有时它们很难及时到达该地。在信德地区，它们是常见禽鸟，人们会发现成群的绿头鸭活动，而另外的地区，它们会变成罕见的鸟，有的会与当地的其他鸭种杂交。

人们熟知这种鸭的生活习性，哪怕你不是猎手，也能轻易在公园各处看到它们的踪影。它们并不特别，但强健而富于活力，善游泳，行走和飞行轻快得很。不过比起赤膀鸭飞得还不够好，也不比雄麻鸭跑得快，游泳速度赶不上潜鸭。绿头鸭可以潜泳嬉戏，但不能靠此捕食，我见过几次母鸭和雏鸭潜泳，但没见过雄鸭潜泳。据说，母鸭要更谨慎狡猾，受伤之后尤其善于躲藏。

当一对绿头鸭在水上时，公鸭都是等母鸭先起身再行动。它们的叫声特别，气管处膨大，使得其声音异于母鸭，也不是平常鸭子发出的嘎嘎声。交配的季节，公鸭发出调情的声音，母鸭一边热烈欢叫，一边点着头。公鸭起身入水，颈部弯曲，不忘展示自己羽翼的蓝色羽毛。家鸭同样也有这种行为，但麝香鸭不是，它们的交配习性不同，因为其祖先是南美的瘤头鸭。

绿头鸭喜欢在肮脏的小池塘或者开阔的地面活动，水陆都可捕食，不分昼夜。事实上，许多已经由于我们的打扰选择夜间出没了。我认为唯一夜行的鸭类只有鸳鸯，它们通常白日安静，哪怕是被捕获了依然如此。绿头鸭的食物很多元：玉米、禾草、根茎、虫子或是其他小型动物、梅子，等等，只要充足，它们绝不挑食。

五六月份，绿头鸭在克什米尔产卵，在地上建起一个隐蔽的窝，时而在水生植物中间，但几乎不在树上。它们每次产卵11枚，灰绿色。刚刚破壳的小鸭呈黑黄色。

ANAS PÆCILORHYNCHA

斑嘴鸭

斑嘴鸭，也叫印度绿头鸭，主要是由于其母鸭和绿头鸭母鸭很像。由于色泽暗淡，它们很不起眼，但最大的特点是其后背上有宽宽的雪白色斑纹，一直到羽翼外围。放在跟前细看，其细微差别一目了然。它们的喙颜色构成极其特别，前额有一对红色斑点，中间漆黑，嘴尖处明黄色。羽翼上的斑纹为亮绿色。身前有很多暗黑色斑点，至身后变成黑色。

它们的幼鸟特征并不明显，鸟喙的颜色分为三部分，基部橘色，两侧和尖部黄色。声音上，斑嘴鸭和绿头鸭极其相似。雌雄斑嘴鸭的羽毛没有太大差异。

体重上，斑嘴鸭与绿头鸭一样，雌雄的差异也不大。不过实物比较后可以发现雄性斑嘴鸭不像一些绿头鸭那么重。它们生活在整个印度地区，除了缅甸南部和孟加拉湾附近岛屿；同时，海拔 4000 英尺以上的地区也鲜有它们的踪迹。由于喜欢临水而居，它们在印度中部尤为普遍。

斑嘴鸭常在大小池塘出没，水中嬉戏，成对在水草覆盖的地方游走。有时某只单独的鸭子会领队在前。时而人们会见到百余只鸭子集体活动，但最常见的还是十几只在一起。

斑嘴鸭的总体习性和绿头鸭相似，因此极易混淆。它们会飞行、游泳、行走和潜水。在受伤时，斑嘴鸭会狡猾地潜到水中。由于偷吃水稻，经常被农民视为害鸟。产卵时，斑嘴鸭喜欢产在草中或者其他隐蔽处，而非像大多数留鸟产在高地。

赤膀鸭

赤膀鸭在英国很少见，但在东方却数量庞大，所以经常被捕杀。雌性的赤膀鸭很像绿头鸭，羽毛有褐色斑纹，但羽翼上的条纹为白色，前部末梢有栗色。相对比，赤膀鸭长相逊色，头部暗褐色，身体灰色。唯一夺目的是其尾部黑色天鹅绒般的羽毛。羽翼上的斑纹为白色，前部有巧克力色斑块。

这种鸟整体颜色普通，但也在夏季换羽。它们的喙从黑色变为有橙色边缘，但翅膀上的巧克力色不变。雏鸭的巧克力色斑块较少。

赤膀鸭体形比绿头鸭更为优雅小巧，外形比较肥胖。雄性每只不超过两磅。尽管经过长期飞行，它们仍能保持很好的体力。

虽然遍布印度大陆，但比起针尾鸭，赤膀鸭仍不算分布广泛，至少在印度最南部和岛屿未能找到。11 月左右，这种鸟来到此地并待到第二年 5 月。它们成群出现，不羞涩也不攻击人，不过在受到威胁时会反抗，飞行时敏捷迅速。小飞蛾和蝴蝶都是其食物，此外还有水生昆虫、贝壳等，不过总的说来，赤膀鸭还是个素食者，它们最常食用的还是水稻。人们喜欢吃赤膀鸭的肉，极其鲜美。

水中隐蔽处是其常出没的地方，不过也不尽然。它们在早晨和傍晚造访水田，而白日里在宽阔的水域休憩，尤其是淡水处。虽然也会潜水，但这种鸟并不靠潜水捕食。按照休谟先生的记载，它们的叫声比绿头鸭更尖锐，而且频繁。但我认为那是指母鸭，公鸭声音粗哑，和大多数其他公鸭很像。

捕猎爱好者很喜欢赤膀鸭，它们在池塘栖居，常与其他鸭类相伴。

W. Foster.
1/3
ANAS STREPERA

F Waller, Chromo Lith. 18, Hatton Garden, London.
2/5
QUERQUEDULA CLOCITAN

花脸鸭

仅从头部便可识别这种罕见的鸟类，它们的后部和冠部都是黑色，脸米色，每只眼睛向下有黑色条纹，好似淌下的墨色眼泪，头后部有绿色月牙形纹路。胸部有黑色斑点，呈桃红色，两侧还有垂直的白色条纹，与蓝灰色两肋部分开。肩羽有锯齿状羽毛，分别为黑色、米色和栗色。

雌性花脸鸭与常见水鸭相同，但体形更大，喙部略显短小，嘴基部有白色斑块。此外，羽翼上有黑白相间斑块，还有绿色条纹。公鸭后背下方为褐色，无斑纹。

这种水鸭不仅体形偏大，而且腿也较长，跑起来更矫健。公鸭的叫声极有特色，声音很大，但不持久。据我观察，它们鸣叫时抬起头，竖起羽毛，更显体态，然后奋力叫嚷。

花脸鸭是典型的东亚鸟类，不过也在西伯利亚或者欧洲部分地区产卵，它们数量巨大，近些年被运到欧洲和澳大利亚的便有数千只。冬天，它们喜欢在日本和中国生活。我的藏品中有一只母鸭，大约是在印度捕获的。

云石斑鸭

作为水鸭的一种，云石斑鸭绝对是体形偏大的，大约 1 磅左右。它们雌雄长相一致，羽毛颜色非常特别，容易认出。它们有淡色的嘴及面部。看起来头形大。上下体羽满缀淡黄白色斑点。飞行时翼下羽色浅。无翼镜。羽色浅灰。虹膜深褐色；嘴蓝灰色；脚橄榄绿色至暗淡黄色。

通常情况下，云石斑鸭只在冬天出现，主要分布在印度西北部，有时也到加尔各答附近，最常见到它们的地区还是信德，据说那里有很多。它们喜欢水中的植物，常单独行动，很像鹌鹑。飞行时，速度不快，保持低空。受伤时，它们潜入水中，将鸟喙露在水面。这种鸟善于行走，但很少靠岸。鸣叫时，声音和大多数公鸭相似。蔬菜是其钟爱的食物。人们认为其肉质不适合食用。

幼鸟和成鸟相似，但体羽斑点较暗和较散乱，下体也较灰。主要栖息于富有挺水植物和岸边植物的淡水或咸水湖泊和流速平缓的河流中，也出现于鱼塘和沿海沼泽地带。

½
QUEDULA ANGUSTIROSTRIS

F. Waller Chromo lith. 18 Hatton Garden London
1/3
FULIGULA FERINA.

红头潜鸭

这种鸟的法语名称意思是醉酒鸭，我很欣赏这一命名，因为其不但头部红色，而且眼睛也是红色的，很像是喝过酒后的醉态。

有些作者坚持认为它们的眼睛是黄色的，但那只是公鸭中的少数现象。死后它们的眼睛确实变为黄色。据我观察，母鸭的眼睛几乎全是红褐色的。红头潜鸭头很大，尾部短，游泳时下水较深，尤其是后部。下颈和胸棕黑色，两肩、下背、翅上三级飞羽、内侧覆羽以及两胁均为淡灰色，缀以黑色波状斑纹。外侧覆羽灰褐色。初级飞羽也为灰褐色，外侧和羽端白色，且杂有黑色波状细斑。腰、尾上和尾下覆羽黑色，尾羽灰褐色。颏有一小白斑。上胸黑色，微具白色羽端，下胸及腹灰色。下腹有不规则的黑色细斑。尾下覆羽和腋羽白色。

母鸭头、颈棕褐色，上背暗黄褐色，下背、肩及内侧翅覆羽、三级飞羽灰褐色，具灰白色端斑，杂有细的黑色波状纹。翼镜灰色，腰和尾上覆羽深褐色。颏、喉棕白色。上胸暗黄褐色，下胸和腹灰褐色；下腹、两胁和尾下覆羽也为灰褐色，但杂有浅褐色横斑。

这种鸟在印度和欧洲都很知名，但只在冬季来到印度北部，甚至缅甸。它们在10月底才迁徙而来，相比其他候鸟较晚。在宽阔的水域，数千只红头潜鸭集体出现，当然，常见的是十几只在一起。它们善于潜水，几乎靠此捕食，不过时而也能见到有的在陆地上吃东西。休谟先生说，红头潜鸭走路时极其滑稽，摇摇摆摆。尽管翅膀很短，但动作十分敏捷。作为印度潜鸭中最优秀的一种，它们数量很大，随处可见。蔬菜是其主要食物，此外还有水草、水稻，甚至蜗牛。

在捕杀红头潜鸭时，猎手们通常前往开阔水域。有人将其与帆背潜鸭混淆，但后者的眼睛实为黄色，此乃二者明显区别。我们可以断言，红头潜鸭是一种古老的印度鸟类。

白眼潜鸭

这种潜鸭体形很小，眼睛白色，在印度很常见。冬季，它们迁徙到北部地区，和其他潜鸭一样。

雌性白眼潜鸭头和项棕褐色，头顶和颈较暗，颏部有一个三角形白色小斑，喉部亦杂有白色。上体暗褐色，腰和尾上覆羽黑褐色，背和肩具棕褐色羽缘。两翅同雄性，亦具宽阔的白色翼镜。上胸棕褐色，下胸灰白而杂以不明显的棕斑。上腹灰白色，下腹褐色，羽缘白色。两胁褐色，具棕色端斑，尾下覆羽白色。

雄性头、颈浓栗色，颏部有一个三角形白色小斑；颈部有一明显的黑褐色领环。上体黑褐色，背和肩有不明显的棕色虫蠹状斑，或具棕色端边。次级飞羽和内侧初级飞羽白色，端部黑褐色，形成宽阔的白色翼镜和翼镜后缘的黑褐色横带；外侧初级飞羽端部和羽缘暗褐色；三级飞羽黑褐色，并具绿色光泽。腰和尾上覆羽黑色。胸浓栗色，两胁栗褐色，上腹白色，下腹淡棕褐色，肛区两侧黑色，尾下覆羽白色。

在印度，这是最普遍的体形最小的潜鸭，很少有超过 1 磅的。它们喜欢生活在水草茂密的水域，成对或独自行动。这对猎手来说是很好的机会。白眼潜鸭保持低空飞行，能突然停下，速度很快。

这种鸟虽然喜欢沿水草而居，但其实适应性很强，也可在任何有水的地方生活捕食。所以在海边和山涧处，还有些空旷的湖泊河流，也会发现它们的行踪。作为杂食动物，它们喜欢吃蔬菜、动物等。

白眼潜鸭在克什米尔地区产卵，时间相对较晚。其巢由蔬菜等材料构成，里面铺上一些羽毛。有时还会在水中筑巢，被水草掩护，临岸边依存。

印度以外，它们还在西亚至地中海区域产卵，但从未到过寒冷的欧洲中部。在英国，这种鸟很稀有。印度才是它们冬季的归属地。

♂ AYTHYA NYROCA

$\frac{1}{4}$
CROSSOPTILON TIBETANUM

藏马鸡（左页图）

赤颈鹤（上图）

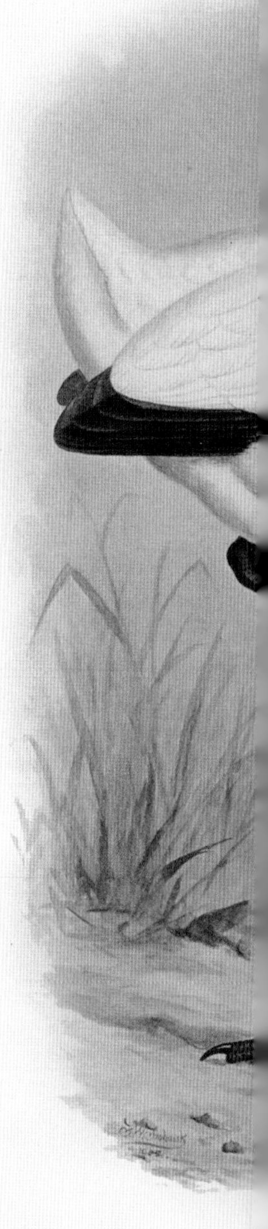

(One-Sixth

GANTEA
description and drawings)

罗斯柴尔德：灭绝的鸟

作　者

Lionel Walter Rothschild

列昂内尔·沃特·罗斯柴尔德

书　名

Extinct Birds

灭绝的鸟

版本信息

1907 by Hutchinson & Co., Paternoster Row, E.C., London

列昂内尔·沃特·罗斯柴尔德

列昂内尔·沃特·罗斯柴尔德（1868—1937），罗斯柴尔德家族后裔，英国银行家，政治家和动物学学者。罗斯柴尔德出生于伦敦，是家族的长子和继承人，也是极其富有、地位显赫的金融掌门人。

作为三个孩子中最年长的一个，罗斯柴尔德幼时身体孱弱，在家中接受私人教师的教育。青年时他去欧洲旅行，先后在波恩和剑桥学习。1889 年，离开剑桥两年后，他开始参与家族银行业并研习金融。

7 岁时，他便宣布要自己经营一个动物学博物馆。儿时的罗斯柴尔德收集昆虫、蝴蝶和其他动物。袋鼠和奇异鸟类都是他的宠物。一次骑马打猎时，他还险些受伤。

在伦敦，21 岁的罗斯柴尔德最终进入家族银行工作，直到 40 岁。但很明显，他对金融并不感兴趣，所以最终获得允许放弃了这一领域。之后，他的父母为其建立了一家动物学博物馆以作为补偿，并雇用探险家到全世界寻找珍稀动物。

罗斯柴尔德本人不擅言辞，非常害羞，但他喜欢研究动物的世界，有一张照片便是他骑着巨大的乌龟和他用六匹斑马驾着马车奔向白金汉宫的场景，他试图以此证明斑马是可以驯化的。

在剑桥大学，他学习了动物学，并结识专家阿尔伯特·甘瑟，培养起对鸟类和蝴蝶的兴趣。

尽管罗斯柴尔德曾漫游欧洲和北非数年，工作和健康问题还是限制了他全心投入，因此他雇用了其他探险家、职业收藏家等到遥远且鲜为人知的地方去搜集，还雇用了剥制师、图书管理员和职业科学家合作并记录藏品。德国动物学家恩斯特·哈塔特为他工作到70岁高龄，专攻鸟类研究；卡尔·乔丹也辅佐罗斯柴尔德研究昆虫学，直到罗斯柴尔德逝世。

EXTINCT BIRDS.

An attempt to unite in one volume a short account of those Birds which have become extinct in historical times—that is, within the last six or seven hundred years. To which are added a few which still exist, but are on the verge of extinction.

BY

The Hon. WALTER ROTHSCHILD, Ph. D., F.Z.S.

With 45 Coloured Plates, embracing 63 subjects, and other illustrations.

LONDON.
HUTCHINSON & Co., PATERNOSTER ROW, E.C.
1907

《灭绝的鸟》扉页

罗斯柴尔德的藏品中有多达300000张的鸟皮，还有200000只鸟蛋，2250000只蝴蝶和30000只甲虫，另外还有数千种哺乳动物、爬行动物和鱼类。在私人收藏界，这是史无前例的成就。

罗斯柴尔德长颈鹿就是根据他的姓氏命名的，这种鹿有五个角，而不像普通长颈鹿那样只有两个。另有153种昆虫、58种鸟、17种哺乳动物、3种鱼、3种蜘蛛、2种爬行动物、1种千足虫都是以他的姓氏命名的。

1892年，罗斯柴尔德的私人博物馆开放，这里存有世界上最多的博物学收藏。1932年，罗斯柴尔德受到一个女人的勒索，被迫将其大多数鸟类藏品卖给美国自然史博物馆。1937年，罗斯柴尔德逝世，按照遗嘱将他的私人博物馆捐给大英博物馆的自然史馆部分。

列昂内尔·沃特·罗斯柴尔德画像

这是莫大的馈赠。

1898年，吉森大学授予他荣誉博士学位。1899年，他被选为大英博物馆理事。1911年，他被授予皇家学会会员资格。

1915年，罗斯柴尔德继承了父亲的贵族头衔。1937年于特灵公园逝世，享年69岁。他的墓在伦敦的犹太公墓。他一生没有子嗣，所以头衔由他的侄子承袭。

人类破坏并继续破坏着物种，新物种的入侵也会造成悲剧，对野生鸟类有害。

1905年，鸟类学专题大会“灭绝和正在消失的鸟”召开之前，我撰写了一篇文章。此后便一直打算为这篇论文配上插图，这一想法得到很多听众的关注，他们希望我能以书籍的方式将其出版。犹豫再三，我最终决定尝试一下，这也要归因于已故的保尔·勒沃库森博士的鼓励。著书的准备工作要比做报告时多得多，因此读者可以发现我对以前论文的增补和纠正。原文已刊登在第四期《国际鸟类学会议论文集》中。

研究地球上已经消失的生命留下的痕迹一直拥有很大的魅力，本书用有限的篇幅介绍的这一领域着实有吸引力，尤其是有关其生存状况的阐释，令我们反思。书中我系统地将其分成两类，一类是内外完全了解的，另一类是只知道骨头和卵壳的。前一种主要取材于古籍中的描述和绘画，或是尚能找到的标本。本书中的一些插图也是根据这些记载加工创造的，以试图展示其原貌。关于洪积世和后洪积世期间灭绝的物种，科学界对其消失的具体时间还说法不一。我认为这些问题可能永远无法完全解决，但重要的史实留存下来，可供学界研究。

鉴于此，本书试图介绍七八百年前灭绝的鸟类。在第一类中，描述一些大概有所了解的鸟类。其中某些我们拥有充足的史料，比如大海雀、拉布拉多野海鸭、南秧鸟。而另外的所存史料便几乎没有了，如西印度群岛大多数灭绝的鹦鹉等。不少不久前灭绝的鸟类也未得到充分的关注，相关史料中仅提到它们的大小、羽毛和是否可以食用。

总体看来，我写此书主要是介绍灭绝的鸟类，并加入一些濒临灭绝的种类。其次，对南秧鸟，有必要澄清某种误解和前后矛盾的说法。那些被认为灭绝，实则还有部分存活的物种，我估计在本书出版之时也已经彻底消失了。

在归类中，我将已灭绝的、不会飞的鸟与会飞的鸟归在了一起。那可能有些不合规范，著名的鸟类学专家夏普博士与我的观点不同，他认为失去飞行能力本身是一个重要特点，足以证明其属于不同种类。对这种解释我不敢苟同，除非不能飞行伴随着其他改变，否则是很难确定二者属于不同种类的。

现在，大多数鸟类的灭绝和人类有直接或间接的关系，但同时也有些现象未能查出明显原因。

人类破坏并继续破坏着物种，或为食用或为狩猎娱乐。此外，新物种的入侵也会造成悲剧，加上驯养八哥等驯化活动，都对野生鸟类有害。饲养的动物或宠物滋生新的疾病，也会传染到野生动物中造成致命打击。而人类对其生存家园的破坏也摧毁了它们生存的根本。人们乱砍滥伐，剥夺鸟类的空间，使其挨饿受病。同时，自然灾害如火山爆发、地震、洪水、森林大火等，都是对其生命的威胁。痛心的是，人类的足迹，的的确确对物种多样性造成太多伤害。

对于大量来自骨骼片段的鸟类标本，我为其命名。许多读者会认为此举不妥，尤其是过往的专家并未给其命名，只是简要介绍了特点。这里我来阐释一下自己的理由：比如帕克博士充分描述了一种鸟类，但命名模糊，只是说明其类属，日后其他学者很可能用同样的模糊命名定义完全不同的鸟类，导致最终的混乱。因此，我认为命名很有必要，可以避免误解和犯错。不过洪积世时期的那部分鸟类我实在找不到可靠的材料来确定其名称，希望后来人能再做补充。

（编译自罗斯柴尔德《灭绝的鸟》一书的导言）

FREGILUPUS VARIUS
(NATURAL SIZE)

留尼汪椋鸟

之前有专家对其描述："此鸟头顶一束白色羽毛，其余部分白色和灰色，鸟喙和跗跖很像椋鸟，体形比幼鸽稍大，长胖时肉很好吃。"

这一描述基本符合椋鸟特征，被广泛接受。不过对其鸟喙和跗跖的说明有些错误，椋鸟的这两个部位很像八哥。

后来又有很多对留尼汪椋鸟的叙述，至于是针对雄鸟还是雌鸟，就不得而知了。据称，它们的雌雄颜色差异不大，但雌鸟更小，喙更短而且直。至少哈特尔特博士在结论中是这样陈述的，他曾观察过博物馆中的 4 件标本。隔着玻璃进行观察，他认为 4 件分为两对，因为很明显有两只的喙比另外两只更短更直。

这种鸟看起来是在 19 世纪中期灭绝的。1868 年，坡伦先生曾写道："留尼汪椋鸟已经很少见，十几年来甚至不曾有人提到。它们在海岸地区完全消失，甚至是靠海的山中也没有。不过有可靠消息称，在内陆的森林里还有它们的踪迹。年迈的克里奥尔人告诉我，他们年轻时这种鸟还很常见，它们很傻，用木棍就能擒住。"这说明留尼汪椋鸟曾经数量庞大，但后来在自然界和博物馆都难得一见了。

有人曾误认为它们是南非或者马达加斯加的物种，但今天根据考证，我们得知它们属于留尼汪地区。

罗迪椋鸟

最初曾有匿名作者对其进行描述，“这些鸟比乌鸦要大，羽毛白色，翼和尾羽部分黑色，鸟喙和跗跖黄色，搭配起来很漂亮”。该作者还说到它们分布在毛里求斯的岛屿上，靠吃海鸟蛋和死海龟为生。

1730年之前，罗迪椋鸟便在部分地区灭绝了，但在一些岛上又延续了许久。现存的只有它们的骨骼。

它们分布在罗德里格斯岛及其附近岛屿。目前在特灵博物馆藏有其胫骨。画中的颜色是按照描述绘成的，而形态则依据其骨骼和结构。

罗迪椋鸟亚种

福布斯博士曾这样描述：这种鸟通体白色，仅初级和次级飞羽以及尾羽末梢呈铁锈色。经测量结果如下：嘴峰 32 毫米，翼长 109 毫米，尾长 98 毫米，跗跖 31.5 毫米。

我有时认为它们是罗迪椋鸟的白化病表现，但经比对，发现其胫骨为 46 毫米，而罗迪椋鸟有 52 毫米。有一派说法认为它们是一种独立的物种，但我难以接受。在这样一个小岛上，很难有完全独立又极其相似的鸟类，我宁愿相信它们只是毛里求斯愚鸠的白化病变种，而与罗迪椋鸟也有亲缘关系，不过体形上偏小。

它们的分布尚不明确，有学者认为它们产自马达加斯加，后被证明并非如此。

留尼汪雀

关于此鸟我们只有些片断的描述和绘画。它们浑身包括背部都是红色，而羽翼和尾羽深褐色，边缘黄褐色。在描述中作者称其身体羽毛为红棕色，而羽翼颜色更明亮。大小与鹀差不多，但尾部更短而翅膀更长。

根据夏普博士的描述，这种鸟和红织雀很像。可后者背部有黑色斑点，而且二者的分布地区有差别。目前尚无留尼汪雀的标本，希望在巴黎博物馆可以找到。

白秧鸡

专家怀特曾这样描述：此鸟白色，鸟喙和额头红色，腿和脚黄色。他的插图显示了该属鸟类翼覆羽长的特点。另有其他学者提及标本的编号是 102，代表来自诺福克岛，但怀特先生并未说明此事。由于其羽毛有蓝色光泽，加上两三个暗斑，不少鸟类学家认为是白化病变种。在《新西兰鸟类名录》中，作者格雷写道：白秧鸡的肩膀之间呈蓝色，背部有蓝色斑点。而幼鸟为黑色，后来变成蓝灰色，最终变成纯白色。从中我们推断这应该不是白化病导致的，这是一种颜色经过多次改变最终固定为白色的鸟类。我在维也纳博物馆测量过，其翼长 9 英寸。

1. GEOSPIZA MAGNIROSTRIS
2. GEOSPIZA STRENUA
3. NESOENAS MEYERI
4. CHAUNOPROCTUS FERREIROSTRIS

(ALL THREE-FOURTHS NATURAL SIZE—*from skins*)

达尔文雀（图 1、2）

1899 年，达尔文从古尔德那里得到了此鸟的标本，但他本人曾怀疑其中有些是来自不同地方。我坚信这些鸟是同一种，并且都来自查尔斯岛。遗憾的是，后来再有人去搜寻也无从找到了。我们断定这种鸟已经灭绝。

由于查尔斯岛已经被人类占领很久，达尔文雀的灭绝也是很有可能的。

笠原腊嘴雀（图 4）

之前有拉丁文对此鸟介绍，称其为深褐色；头部、胸部和腹部上方猩红色。鸟喙坚硬，脚浅灰色。身长 8.5 英寸，鸟喙不到 1 英寸，高接近 1 英寸，翼长 4.5 英寸，尾羽 3 英寸，跗跖约 1 英寸。目前，大英博物馆中有一对藏品，是航海家捕获的。经动物学家威格斯观察推断，那只色彩艳丽的雄鸟还在幼年，而雌鸟已发育成熟。其灭绝的原因尚不明确，因为捕杀它们的人并不多。探险家曾告诉我，它们生活在海岸边的树林里，但是数量不多，行动隐蔽，很少在高树上栖息，而是在平地上。从其胃中发现了小型果实和某种树的嫩芽。

牙买加红鹦鹉

格斯先生描述如下：上喙基部黑色，尖部灰色，下喙一样；前额、头冠和颈后亮黄色；脸侧围绕眼睛、颈部和背部猩红色；翼覆羽和胸部深红色；飞羽蓝色；腿和脚据说是黑色；尾羽红黄混合。

尽管有明显区别，牙买加红鹦鹉经常被与古巴红鹦鹉混为一谈。不过二者确实很像。

它们分布在牙买加，现已灭绝，暂无藏品。

海地岛也有一种三色鹦鹉，克拉克先生认为它们都是一种。但我相信，这三种鸟其实不同。

ARA GOSSEI
(FOUR-FIFTHS NATURAL SIZE—*from Gosse's description*)

LOPHOPSITTACUS MAURITIANUS
(Eleven Twenty-Nineths Natural Size—*from drawing and*

毛里求斯冕鹦鹉

1866年，欧文教授将此鸟介绍给博物学界，他从两片残破的下喙开始描述。除了一些骨骼片段，相关史料所剩无几。幸得施莱格教授在乌特勒支图书馆发现了该鸟的素描，又从介绍中得知其为灰蓝色。在十八世纪二三十年代航海家的描述中，便已没有关于毛里求斯冕鹦鹉的信息，这说明它们是第一批灭绝的鸟类。至于原因很好理解，由于不会飞，而且肉质可口，自然被捕杀殆尽了。

特灵博物馆里目前收藏了35只脚，60片下喙和上颚骨片段。

它们分布在毛里求斯。

DROMAIUS PERONI
(ONE-THIRD NATURAL SIZE—*from type specimen*)

袋鼠岛鸸鹋

很遗憾过去的学者长期将此鸟与王岛鸸鹋混淆，导致 81 年后，我们还需再次进行区分。

在贝伦的著作中，他将该鸟的雌雄二者画得并不清晰，但我认为其幼鸟和巢还是相当精确的。目前巴黎有这种鸟的骨骼和外皮，在佛罗伦萨的博物馆里也有其骨架。有史料这样描述其雄鸟：和澳洲鸵鸟相似，但体形更小。颈部的羽毛皆为黑色；身体羽毛茶褐色；鸟喙和脚黑色；颈侧裸露的皮肤蓝色；全长 55 英寸，跗跖 11.40 英寸，嘴峰 2.36 英寸。

未成熟的袋鼠岛鸸鹋最初全身烟黑色。在袋鼠岛、塔斯马尼亚等各岛屿，我认为存在着许多鸸鹋的亚种。而利物浦的一只标本，经我研究，便是未成熟的袋鼠岛鸸鹋。

它们主要分布在袋鼠岛。

EXTINCT BIRDS PLATE 31

LEGUATIA GIGANTEA
(One-Sixth Natural Size--*from description and drawings*)

巨型火烈鸟

探险家里夸特曾这样描述：在那些被称为巨型鸟的鸟类中，这种鸟高达6英尺。它们高挑，脖子很长，但身体不过鹅一般大小。通体白色，除了翅膀下有一点红色。它们的喙很像鹅的嘴，但要更尖锐。其爪部长而且分开。这是毛里求斯特有的鸟类。

博物学家牛顿断言这不过是火烈鸟，因为在当地确实找到过火烈鸟的遗骸，但从未见过什么大型骨骼。但我认为这种想法太武断，缺少证据。我们都知道在留尼汪也出现过一种巨型秧鸡，可目前也未发现其遗迹。所以我与施莱格教授都相信这不是普通的火烈鸟，而是毛里求斯特有的物种。

插画是根据里夸特的描述绘出的，鸟喙和脚部很像水鸡。

塔希提矶鹬

夏普博士在雷顿博物馆研究过标本，记录如下：此鸟已成熟，上体颜色大致黑褐色；背部下方和腰部锈色；中间尾羽黑色，其余红色，有黑色条纹；翼覆羽黑色，有小白斑点；头冠黑色，颈后部变棕，间有黑色；脸侧褐色；耳覆羽微红，眼后有白色小斑点；脸颊和下体都是锈红色；喉部米白。身长 6.7 英寸，翼长 4.45 英寸，尾长 2.15 英寸，跗跖 1.3 英寸。

学界对它了解还不是很多，仅在雷顿博物馆有一个标本。一个多世纪以来再无人捕获，说明它已经灭绝了。我的插图是根据埃利斯先生的画再加工的。

它们分布在塔希提岛和附近岛屿上。

1. AECHMORHYNCHUS CANCELLATUS
(NATURAL SIZE)

2. PROSOBONIA LEUCOPTERA
(NATURAL SIZE)

土岛鹬

土岛鹬喙短而直；羽翼长，各级飞羽几乎长度相等；尾羽长而宽，端部呈圆形；腿和脚趾很长，健壮有力；有一条灰白色条纹掠过眼睛；整个上体褐色，头顶无斑点；下体灰白色，有褐色斑纹，但腹部全部为白色；胸部、两肋和尾下覆羽都有斑点和交叉横纹，皆为褐色；翼覆羽下灰白色，有褐色斑点；鸟喙绿色，尖部变深；腿深绿色。雌雄差异不大，但雌鸟更加苍白。

NECROPSITTACUS BORBONICUS
(Two-Fifths Natural Size *from a description*)

Plate 8

留尼汪红绿鹦鹉

杜波先生曾这样描述此鹦鹉：体形和大鸽子差不多，身体绿色；头、尾和羽翼上层皆为火红色。经比对核实，他认定其属于牡丹鹦鹉属。

这是我们唯一能找到关于其存在的证明了。

它们分布在留尼汪岛及附近。

金特里：鸟巢的故事

作　者

T. G. Gentry

托马斯·金特里

书　名

Nests and Eggs of Birds of the United States

美国的鸟巢与鸟蛋

版本信息

1882 by J. A. Wagenseller, Philadelphia

托马斯·金特里

托马斯·金特里，19 世纪下半叶费城自然科学学会成员，他为鸟类研究提供新的视角，将其在巢内外的状态一一展示，极大丰富了读者对鸟在自然界中生存状况的了解，绘画本身也是一种视觉的享受。本书展示美国鸟类的巢与卵，文字极具韵味。插画师埃德温·谢帕德为这些鸟类绘以生动图画，作为费城博物学界公认的鸟类画家，谢帕德不遗余力的创作，使得本书达到最佳效果。

托马斯·金特里像（上图）

《美国的鸟巢与鸟蛋》英文版扉页（右页图）

NESTS AND EGGS OF BIRDS OF THE UNITED STATES.

ILLUSTRATED.

By THOMAS G. GENTRY,

Author of "Life-Histories of Birds of Eastern Pennsylvania" and of "The House Sparrow," Member of the "Philadelphia Academy of Natural Sciences," the "Nuttall Ornithological Club," the "Davenport Academy of Natural Sciences," the "Franklin Scientific Society of the University of Pennsylvania," Etc.

PHILADELPHIA.
Published by J. A. WAGENSELLER.
1882

这部书会制约我们青少年毁坏巢穴的坏毛病。

多年以来，我们认为一部研究巢与卵的具有逼真色彩的作品，对鸟类学研究来说，将会是一份非常难得的馈赠，它将弥补鸟类学研究领域存在已久的空缺。我们翘首以盼，却终是徒然。原本期望除了作者，还会有更多的有识之士因此注意到此项研究的必要性，并向正确的方向迈进一步。后来，我们开始绝望，如此重担，无人能负。然而，出乎意料的是，在文学界浮现出了两部对鸟类学有所涉猎的书刊。一部来自美国的俄亥俄州，另一部来自新英格兰。前者属于地方性刊物，似乎价格昂贵，为民众所不能及。后者虽然在学识方面完胜前者，但它仅仅是对卵的例证说明。它从一开始就注定了失败的结局。随后，在短期运行之后，便最终湮没于文学界。在这样的情形之下，我们开始着手这项研究，并满怀期待，爱好鸟类学研究的朋友和其他有识之士将会给予我们支持和鼓励。

这是完全不切实际的幻想，我们也许会说，将百千鸟类的信息囊括在有限的篇章中并试图加入关于其巢的解释绝非易事。尽管如此，我们保证，我们的良知就是最好的代表形式，我们始终坚持，并努力践行。对于将来的系列，如果有必要的话，我们会保持主题的延续性，但并没有必要局限于科属，我们将努力投资平装版书籍，展现稀有精美鸟类的魅力与吸引力。

经过粗略审查，我们很容易认为这本书已经严重偏离了它的原始目标。应大众要求，应当增加关于鸟类巢穴的内容，因此会增加花销，但不可否认的是，那也大大增强了这本书刊的外观、功效与价值。这种革新，要求有丰厚的资本作为经济支撑。为了坚持让这部作品成为最权威的、一流的并且值得赞助的著作，出版人不惜花费，甚至超出了先前对赞助商承诺的金额。

这本书中凝聚着特别的苦心。我的目的是针对所描述的每种鸟类，给出简洁明了又涵盖细节的说明，从这种鸟到来之时，到它离开之日。比如候鸟，就是从它来，到它秋季飞回南方。对于常住鸟，我特意给出了它们冬季的故事，作为对繁殖季节的补充。当然，更加系统且延续的习性还是体现在对迁徙鸟类的描述中。在日常系列中对事件进行介绍，如果不用心感受的话，一定会导致单调乏味。这一点我已经尝试着避免了，但是不管做得多么成功，我依然愿意听从读者们的判断。

通过这本书，鸟类在繁殖期所呈现出来的有趣好奇的阶段被给予了很大声望，这也正是作者研究多年的理论知识。一些无关紧要的问题都已经细致地排除，绝不会出现影响此书结论正确性的问题。绝大部分例子，几乎都来自我自己的观察与记录。收集材料时，对于知识不全面或有所疑虑的地方，我毫不犹豫地咨询他人记录，并根据可靠情报员的阐述，使之为己所用。威尔逊、奥杜邦，这些人虽然已经去世了，但他们的著作传达一些知识。至于尚且在世的作者以及其他不这么出名的学者，我已经研习过他们的记录，并且，现在正抓住机遇，以此次成就来回报他们。

在平装版的具体筹备过程中，设计师主要根据作者的建议与要求进行设计。本人一贯的目标就是确保作品的正确性与权威性，同时尽可能地多样性。这部作品排版的清晰、明了及其规整性与完整性，是其他作品几乎无法超越的。富有创新精神的出版人也因慷慨的公益心而值得褒奖。

伴随着这些初期评论，我们将这本优秀的书籍推向世界，相信它会在各地热销。假设通过这些可爱的习性和一部分有趣的家庭关系，它被人们所熟知，虽然不是所有人，至少有我们最亲近的朋友；它会制约我们青少年毁坏巢穴的坏毛病，通过向他们展示用于研究和思考的鸟类巢穴的图片，来战胜邪恶；或者假设它为作者最喜欢的鸟类学研究提供了其他的事实依据，或者以任何一种方式做出贡献，作者都会非常开心，并且感觉我的辛苦没有白费。

（编译自托马斯·金特里《美国的鸟巢与鸟蛋》一书的序言）

KINGBIRD. CEDAR-BIRDS.

雪松太平鸟

雪松太平鸟虽然主要分布在北美的森林地区，但从佛罗里达到雷德河偶尔也能发现它们筑的巢。无论栖居在何处，它们都不会改变群居和居无定所的特性。

10月初，鸟群便各处觅食，这种求生的活动一直持续到次年5月，这时它们才开始交配繁衍，其间它们行动安静隐蔽，常在树丛中找到合适的地方安家。筑巢需要很大的体力和耐心。

它们通常选择一个隐蔽的灌木丛或者靠近果园的树林，那些深绿的树叶和垂直的树枝正好托起并隐藏了鸟巢，而果园中的苹果正好是它们最爱的食物。

选好地点，这些鸟便片刻不歇地建巢，非常卖力。雄鸟负责找材料，雌鸟负责将其固定并塑形。雌鸟不忙碌时，也会帮助雄鸟一起找材料。算上休息时间，这个过程要持续五六天。

筑巢时，任何有韧性的材料都很急需，因此其构成会随当时环境有很多变化。若是灌木丛，小枝丫、草茎、枯叶都可以用。但在有人迹的地方附近，便可以使用绳线、碎布和其他材料。内里多由草根、花茎、卷须等组成。

书中画的这个鸟巢是1878年夏季在布里奇顿捕获的，它在一棵橡树枝干上，由枝丫支撑着，离地面大约20英尺，完全由地衣的纤维组成。外层除了一些根须，主要由线丝组成，这大大缓解了材料的单一。巢内是同样的地衣纤维。外形十分精巧，堪称工匠之作。图中巢约为实际的四分之三，被放在苹果树上。

建好巢，雌鸟会产卵并孵化，为期大约半个月，主要看一窝有几个卵，但这完全由雌鸟完成。虽然雄鸟不帮忙，但也给予很贴心的关注，为雌鸟找食物，监视可疑的敌人。其发出的鸣叫可以暗示雌鸟，一旦有危险会一起逃走。

它们每次产卵4—6枚，不大。底色是石板色，上面有紫褐色块斑。形状椭圆，长和宽都不到1英寸。

猫嘲鸫

这是美国最常见的一种鸟类，在各地都有其踪影，北到萨斯喀彻温，西至落基山脉。

每到一个地方，猫嘲鸫都要找茂密的树林安家，僻静的荒野也可以成为其归宿。它们喜欢隐蔽处，一旦被打扰，就会转换居所。

交配之前，雌雄猫嘲鸫会相处一周以上。雄性最先表现出变化，它们不再热衷于捕食，而是心怀情愫般站在枝头，头部上扬，发出奇异而狂喜的鸣叫。雌鸟仍继续捕食，好像不在意其歌声。一两天后，雌鸟开始被歌声打动，再无意捕食，并突然跳出来迎接雄鸟的求爱。总的来说，求偶的过程比较简短，没有滑稽可笑的行为。

在美国的中部和西部，交配大概在万物复苏的 4 月底开始。一旦相恋，二鸟便迅速去找地方筑巢。通常选址需要一周到十天，地点在野蔷薇、雪松等灌木丛中，还有的建在枫树枝上。1880 年，我儿子在一棵红枫树上发现了一个鸟巢，离地面大约 30 英尺。但这是特殊情况，一般巢离地 20 英尺左右。有时候，选址完毕，巢快建好又发现问题，它们便会抛下未完成的家，再次寻找合适的地方。只要选好地点，便可以朝暮奋力工作，五六天可以完成，有时候夜里的时间也会被利用起来。但与雪松太平鸟不同，猫嘲鸫没有明确的分工，每只都要去收集材料并筑巢。发现材料，它们并不赶快拾走去搭建，而是与邻近材料仔细比对，找到适合的。与人类熟悉之后，这种鸟并不在乎人类在场。

筑巢普遍在 5 月 18 日开始，地点很多元。有时在与地面平行的枝头，有时在杈柱上，但最多还是在灌木枝上。巢的材料构成也很多样，人迹罕至处便是枯叶、小木棍、草、根茎、稻草、松针等等；若是在有人烟处便有绳线、丝布、棉花或羊毛，非常好用。

图中的巢是 1876 年在费城附近发现的，它大小适中，建在黑莓树枝上。外部由绳线、碎布、草根和棉花组成，内部都是草茎，还有灯芯。外围直径 5 英寸，高约 2.5 英寸，内里 3.5 英寸，深 1.5 英寸。

5 天建完巢，很快就会产卵。在北部地区大概在 5 月的第三周，每日产一枚，持续四五天。产完之后便开始孵化，时间持续十二三天。

雌鸟孵卵时，雄鸟会一直陪伴，除了外出觅食之外。一旦有敌人，雄鸟表现异常英勇无畏。它们的一大天敌是各种蛇。如果面临威胁，雌雄二鸟都会奋力保护巢，直接与对方斗争。但如果是人类到来，明知反抗无望，它们便会发出悲鸣。

幼鸟通常被呵护备至，父母尽量满足其所有需求。当一方外出为孩子觅食，另一方便在巢中保护。蚯蚓、蜘蛛、苍蝇、浆果等都是幼鸟爱吃的食物。随着逐渐长大，还会加入其他食物。20 天后，幼鸟便能离巢，开始学习飞行，主要由雄鸟负责教授。

它们的卵为椭圆形，深绿色，非常光滑，大约 1 英寸长，0.68 英寸宽，很有特点。有学者发现过其巢中有白色卵，但有可能是其他鸟类的。

红喉北蜂鸟

美国许多地区都有红喉北蜂鸟。冬季，它们在墨西哥地区过冬，每年 3 月，便来到美国南部，再由此一路往北飞，4 月上旬可到达佐治亚，5 月中旬可达宾州，5 月底或 6 月初完全到达北方地区。

来到北方后一段时间内，雌雄大致是分头行动，主要是在捕食。晴朗的日子，它们在郁金香树间飞旋，或是落到花前吃蜜，那样子很像天蛾。起飞时，动作优雅敏捷，是相同大小的鸟类所不能企及的。

但一切不会长期如此，红喉北蜂鸟喜欢的花朵很快就会枯萎消逝，它们的注意力便转向其他活动。经验告诉我们，七叶树和郁金香树的花谢了以后，这种鸟就开始交配。

交配的过程极其简单，雌雄双方，你情我愿，很快便在一起。一旦找到伴侣，便会分开数日，各自飞出几英里去选址。任何一处被看中，二鸟便重新集合，用鸟类的语言交流，没有争吵，如果不合适，便再去寻找。

找好地点，开始筑巢。中部地区大约在 6 月上旬完成。环境差异很大，有的是高大开阔的树林，有的是低矮密实的灌木丛。普遍是在果园里或是隐蔽的树上。查阅各种文献，我确定红喉北蜂鸟选址时并不固定在某种树上，苹果树、梨树、橡树、柳树、枫树、松树等上面都有它们的巢。筑巢时雌雄都要参与，雄鸟找来合适的材料，雌鸟负责调整。有时候，雌鸟也帮忙找建材。

结构上，各地的红喉北蜂鸟貌似都选用同样的材料，如植物中的棉絮、毛蕊花叶和橡树叶。这些材料被排好安插，外层以小树枝或蜘蛛网加固。内部有白色羽毛做衬。巢的外部直径有 1.5 英寸，高 0.75 英寸。里面宽和深都是 0.75 英寸。也有些标本与这一数据稍有出入。

图中的巢来自得克萨斯，是从一棵山毛榉树上取来的，完全由橡树和杨树的叶子以及棉絮建成，内里有白色羽毛。外面用唾液和蜘蛛网固定在树上，距离地面 20 英尺。其高约 1.75 英寸，外层直径 1.5 英寸。里面宽 0.75 英寸，深 0.5 英寸。

筑好巢，雌鸟便准备产卵，然后孵化，大约要 8 天，所以需要极大的耐心。雄鸟在身边保护，或是外出捕食。孵卵期间如果受到威胁，雄鸟便立即变得富有攻击性，狂躁喧闹，如果还不管用，便直接上去用鸟喙攻击敌人，英勇无畏。同时，雌鸟会一直守候巢，坚韧不屈。

幼鸟出世后，会得到父母万般呵护，总有一方在其身旁照料。它们喜欢吃花蜜和软体昆虫，吃的时候便把喙伸进父母的嘴中。11 天后，幼鸟便可以离巢，在父母的保护下再练习一周，最终独立。冬季来临，它们会脱离父母，独自飞到南方。

卵的外形呈椭圆状，暗白色，约 1 英寸长。7 月是找到有卵的巢的好时节，但很有可能是其父母受到了威胁，甚至已死亡。

RUBY-THROATED HUMMING-BIRD

TOWHEE BUNTING.

棕胁唧鹀

据威尔逊说，棕胁唧鹀在每年 1—3 月分布在弗吉尼亚中部，南至佛罗里达，随着天气变暖，会飞到更北处。4 月末可到达马萨诸塞州和康涅狄格州。5 月至缅因州。

在一些地区，比如华盛顿州附近，它们单独到达，但成小群体休息。而在宾州东部，它们选择群居一段日子，再各自分开。此时主要的活动是觅食，它们飞到荒野和灌木丛中，从早到晚找吃的。时而它们欢唱鸣叫，赋予大自然动听的音乐。

三四周过去，雄鸟开始厌倦这种生活，寻找机会吸引雌鸟。在树林的边缘，它们站在低矮的枝头，在枝叶的掩映下鸣唱，由热情到温柔，逐步吸引雌鸟飞到其身旁。不出一周，交配便可开始，此时一般是 5 月中旬。新的情侣并不急于筑巢，通常会共同庆祝彼此的结合，一起飞行畅游，享受世间美景，四五天后，才开始考虑安家之事。

新家的选址等话题成为新的焦点。双方各自去寻找，任何一方有所发现都会用特别的信号呼唤伴侣前来参谋。一旦满意，便开始动工。否则便再去寻觅，直到双方认可。它们通常喜欢茂密的小灌木丛，或是荆棘覆盖的高地。巢的四周一定布满树叶或是枝丫，使其相当隐蔽，很难被发现。

建设者双方都很勤奋，到处收集材料。除了必要的休息，筑巢的过程几乎从早到晚，最多持续三天。

棕胁唧鹀的巢大同小异，美国各地的巢结构都大体一致。典型的巢外部由树叶、树枝、草和根茎组成，内里有野生葡萄藤的纤维和柔软的草茎。画中的这个巢便是由草、树叶和根茎搭成的。外层直径 4.5 英寸，高 2.5 英寸。内部直径 2.75 英寸，深 1.5 英寸。

建成的当日，雌鸟便会产卵，每日一枚。接下来是孵化，大约 13 天。同时，雄性会在旁边小心照料，但不像很多其他鸟，雄性棕胁唧鹀会与巢保持一段距离，以免暴露了自己的巢的位置。若有人来破坏，雌鸟被迫离巢飞走，而雄鸟甚至原地不动藏匿起来。雌鸟自己演戏，试图把侵犯者引开，但对于有经验的猎手，这是徒劳的。

幼鸟破壳之后，父母会给予万般呵护。父母为了捕食蚯蚓、蛆、蝴蝶幼虫等幼鸟爱吃的食物，有时会一起外出，但通常有一方负责在家照料。

十三四天后，这些幼鸟便可离巢，开始翻开生活中新的一页。到了秋季迁徙时，它们便与父母分离，走向独立。

棕胁唧鹀的卵一窝四枚，椭圆形，上面有红褐色斑点，底色灰白。有的卵上斑点交会，有的则相互分开，卵大约长 0.7 英寸。它们的卵和红尾伯劳的很像，非专业人员很难区分。

玫红皮兰加雀

这种鸟比人们想象的要多，但并不知名。在美国，从得克萨斯到缅因，从南卡罗来纳到休伦湖，都有它们的踪迹。在宾夕法尼亚、新泽西、弗吉尼亚和密西西比河山谷，生活着很多玫红皮兰加雀。

它们惧怕严寒和突如其来的变化，所以不会很早到北方，大概要在5月才飞到北方。雄鸟通常是先到的，比雌鸟早三四天。雄鸟害羞怕人，因为猩红与黑色相间的羽毛极其漂亮，经常招致捕鸟人的搜寻。雌鸟外形比之逊色，所以行动自由些，也很少被猎捕。

很快，雌雄玫红皮兰加雀开始结识，一同去觅食、飞翔和歌唱。不久便是交配时节，通常是雄性采取主动，它们找到高处的枝头，大声唱出最甜美的歌声，全然不顾周遭。唱累了，便休息一会儿，然后继续，直到吸引雌性的注意。之后，雌鸟会迎接自己的伴侣，享受这短暂的柔情，因为它们马上就要忙着筑巢了。首先要确定的是位置。果园、橡树、坚果树等都是经常选择的地方。如果选址接近人类，它们会刻意使巢更安全隐蔽。在费城，筑巢在 5 月 15 日开始，而在新英格兰大约在 5 月末。

巢被安置在一棵果树横向的枝干上，果园是它们的天堂，这里有充足的食物。高度大约离地面 15—20 英尺，根据具体情况而有差别。

筑巢的工作主要由雌鸟完成，雄鸟的作用很有限。筑巢大约需要 4 天时间，材料被松散地固定，几乎不能耐久。巢结构整齐，但很浅。外层由干树枝、水草、青草等混合组成。内部有草茎、树枝等。外层直径 5.5 英寸，高 2 英寸；内层直径 3.5 英寸，深 0.5 英寸。

图中是一个正常大小的巢，好似一个环形。底部有些树皮、干花和植物根茎。四周布有红褐色草本植物的茎。外层直径 5 英寸，高 2 英寸。内部直径 3 英寸，深 0.5 英寸。此巢建在橡树杈上，右边是雌鸟，左边是雄鸟。

建完巢，雌鸟会立即产卵，大约四五枚，日产一枚。然后开始孵化，耗时 13 日左右。其间，它不再外出，专心呵护即将出世的幼鸟。

自然的进化赋予它们与生俱来的本能，由于雄鸟色彩惹眼，必须与巢保持距离，以免暴露了巢的位置。而雌鸟颜色朴素，在枝叶中很难辨别。但当巢受到威胁时，雄鸟会突然飞来，将卵带走。米诺特先生就见到过一些幼鸟被移走的例子，但细节如何，还不得而知。

虽然懂得隐藏，但一些聪明的鸟还是会察觉它们的踪影，辨识其巢的位置，然后将自己的卵产在其中，如燕八哥，所以很可能孵出的孩子中，有的是其他鸟类。

玫红皮兰加雀幼鸟的食物由母亲去找，甲虫幼虫、蜘蛛、蚯蚓等都是它们爱吃的。半个月以后，它们开始迎接外面的世界，再过一周便能完全离开父母了。

8 月初，雄鸟开始换羽，颜色会变得和雌鸟一样平淡，很难区分二者。之后便准备到南方过冬。

玫红皮兰加雀的卵长 0.9 英寸，宽 0.65 英寸，底色绿蓝色，上面有红褐色斑点。但不同地区的卵会有色彩上的差别，比如南方的要比北方的更加夺目。

RED THROATED DIVER.

红喉潜鸟

红喉潜鸟主要在北方生活，在东部海岸最南至马里兰州，西海岸可达加利福尼亚州。和同属鸟类一样，它们喜欢寒冬，在晴朗的冬日成群结队从海平面轻巧地掠过。其飞行敏捷，可迅速冲进水中捕食，然后飞出水面，甩下无数水珠，保持羽毛干燥，开始享用自己的美餐。

尽管钟情海洋，求偶的本能不会消失，到时它们暂别大海，找到一些小岛生活。通常，筑巢的地方离海不远，在湖畔或淡水池塘附近。选好地点，便全力建设。雄鸟此时已厌倦漂泊，与雌鸟共同开启新的生活。

此时它们的主要任务是建一个自己的家，筑巢的速度很快。草叶被收集到一起，由双方筑成圆形。巢很浅但非常结实，安置在隐蔽的场所。不像许多海鸟那样把羽毛放在巢中保暖，红喉潜鸟的巢中鲜有此物。巢外开出一条通畅的路，方便其往返。它们安静飞行，确保不暴露巢的位置。

由于北方冬季酷寒，红喉潜鸟被迫将筑巢推迟到 5 月末 6 月初。此时日照温暖，气候适宜，为雌鸟提供了很好的产卵孵化环境。除了外出觅食，雄鸟会不离不弃地守候。它随时等候伴侣的呼唤，欣喜等待幼鸟的出世。关于孵化时间目前尚无信息。

红喉潜鸟的幼鸟极其活泼，几乎一出生就能带到水边了。初次与水接触，它们便能很好地游泳和潜水。父母时刻关注孩子的安全，遇到危险，便为孩子开出迂回的路径躲避。很快，这些幼鸟便学会像它们的父母一样警惕了。在淡水地区的巢里，它们爱吃蜗牛、虾、小鱼和水生昆虫。到了海上，它们便喜欢吃大一些的食物，为此练习飞行。到其羽毛完全成熟需要比较长的时间，大概到 4 岁时才完成。

红喉潜鸟的卵与一般潜鸟不同，个头要更小。形状从椭圆形到卵形，有时比较长。卵为橄榄褐色，还有的呈红褐色，上面有黑色或深褐色斑点，大小不等。图中的卵长度分别为 3.13、3.07 英寸，直径 1.88、1.75 英寸。

雄鸟身长 27 英寸，翼幅 11.5 英寸，鸟喙和尾部都是 2.25 英寸。雌鸟的体形更小，体重不足 1 磅。但羽毛颜色与雄鸟相同。

VIRGINIA RAIL.

弗吉尼亚秧鸡

这种鸟在 11 月霜降时节离开北方，来年 5 月万物复苏时回归。迁徙活动大多在晴朗的晚上进行，不经意可以听到它们的叫声；尤其是夜里捕鳗鱼的人，会被其穿过芦苇的声音吓一跳。它们的翅膀不强壮，所以有人误以为它们行走速度很慢而且吃力，但事实上哪怕是在强风中，它们也能轻松地行进。它们的腿脚发育健全，善于行走。

水边是其休息的地方，它们到处觅食，主要吃其他小动物，比如蠕虫、昆虫幼虫、小贝壳，它们会用长长的鸟喙将其从泥水中取出。

由于它们白天很少活动，我们断定这是一种夜间行动的鸟类。到达北方半月后，雄鸟开始求偶，双方跑到泥塘处寻找筑巢的位置。通常雄鸟尊重雌鸟的决定，在草丛、地面或者一堆杂草处开始建设。这项工程只需几小时便可完成。威尔逊说他曾见过一个巢，就在草丛底下，由湿草组成。暴风雨过后，里面的卵都被打翻到地上。雌鸟还在密切守候，毫无畏惧。

每窝有 6—10 枚卵，日产一枚，通常在巢建好的第 3 天开始。之后是 15 天的孵化，雌鸟寸步不离，期待着孩子的出世。刚出壳的幼鸟浑身黑色，十分惹父母怜爱。雄鸟并不直接参与孵化，甚至不太管雌鸟是否饥饿。照顾幼鸟也是雌鸟的工作，一旦受到威胁，它们便全力以赴转移孩子以确保安全。作为母亲，它们并不激烈抵抗或进攻敌人，而是讲究策略，以智取胜。出壳后不久，幼鸟便可离巢，在草丛间活动，蠕虫、昆虫和草籽都是其食物。起初，母亲帮助它们找到食物，逐渐就使其独立。1 个月后，这些幼鸟便可离开母亲的庇护自己生存，但冬季来临时它们还是会一起迁徙。

图中这个巢是典型的弗吉尼亚秧鸡的巢，画中的卵也和实际大小一样。这种鸟体长约 25 厘米，羽毛呈铁锈色，中喙细长。体形略似小鸡，但嘴、腿和趾均甚细长，适于涉水。体羽松软，上体大致为橄榄褐色并满布褐黑色纵纹。头、颈铁灰色，脸侧有黑色过眼纹；下体前腹单轴趋向棕色，下半部黑色，杂以白横纹；嘴暗褐色，基部橙红，嘴的长度比一般的秧鸡短；腿和脚为褐色，趾间无蹼；翅和尾均短。雌雄羽色有差别，雌鸟羽毛略浅。飞行时头颈前伸，双腿下垂。

MARYLAND YELLOW-THROAT

黄喉地莺

作为一种漂亮、活泼又聪明的鸟，黄喉地莺是人类很喜欢的鸟类。它们极具亲和力，和燕子一样，在有人烟的地方自在活动。但交配时节来临，这些鸟便会找到幽静处安家去了。

黄喉地莺在美国各地都有，是常见鸟类。比起开垦的农田，它们更喜欢野外，尤其是有低矮灌木丛的地方。虽然不惧怕与人类相伴，但猫狗等驯养的宠物仍对其生命有威胁。

经过忙碌捕食的时节，雄鸟开始对雌鸟示爱，反反复复，直到对方接纳。它们变得活跃可亲，精神饱满。在其感召下，雌鸟开始动情。求爱的鸣叫宛如歌声，十分动听。

很快双方便找到茂密丛林或者荒地，在里面筑巢。具体环境时而有变化。比如今年可能是低处潮湿地带，隔年又选择高而干燥的位置。这大概与当时的季节特点有关。

它们的巢几乎全建在地面上，里面铺满枯叶和草，安置在灌木丛的掩盖中。外层由干草、树枝、干树皮和树叶组成，内里是栗树皮和葡萄藤，相当整齐有序。外层底部直径 2.5 英寸，口部直径 3 英寸，里面深 3 英寸，宽 2.25 英寸。

筑巢的工作并不全由雌鸟承担，而是双方共同参与，大约 5 天，便可看到一个属于自己的家。3 天后，雌鸟产出第 1 枚卵，之后每天 1 次，直到产完。接着开始孵化，持续 10 天。同时雄鸟时刻在身旁陪伴，除了有时出去为其觅食。遇到袭击，雄鸟会悲鸣并奋力引开敌人。

幼鸟出世便得到细心的照料，它们吃甲虫幼虫、各种蠕虫和昆虫等。12 天后便能离巢，但还需父母监护 1 周才能独立。9 月初，成鸟和幼鸟都会迁徙到墨西哥南部和西印度群岛等地。

幼鸟的上身羽毛是褐橄榄色，眼皮和下身羽毛米色，胸部羽毛黄色。雌鸟每窝产 4—6 枚卵，卵白色，上有褐色斑点。大小根据具体环境会有变化，堪萨斯州的卵最大，而佐治亚的最小。

长嘴沼泽鹪鹩

这种鸟在美国的南部边境过冬，等春天来临便集体迁徙，时间大概在四月的第一周。它们很快便飞向各地。到了北方，内陆的沼泽和海边的湿地是其理想的归宿。它们性情活泼好动，不惧怕人类，到处捕食昆虫。其食物有蚂蚱、蛆之类。人们可以无意间听到其尽情地鸣叫，叫声更像是来自昆虫，并不悦耳。

长嘴沼泽鹪鹩栖息于各种类型的沼泽、淡水沼泽和微咸水沼泽，这种环境非常适合这种鸟类越冬。它们在产卵期间大部分停留在湿草甸的芦苇丛中。它们是一种活跃的小鸟，会做各种杂技运动。不是特别隐蔽，但也不容易看到。在温暖的日子，它们在香蒲的顶部鸣唱，尾巴高高地翘起。特别是在繁殖季节，它们的战争在草地上进行，此时长嘴沼泽鹪鹩变得好战，在领地里往返短期飞行，它们的目标是消除来自邻近地区的竞争者，因为争夺粮食资源，会击毁一些鸟巢里的卵。而长嘴沼泽鹪鹩产的卵壳很厚，异常牢固，可能是为了防御这种类似自己行为的攻击。栖止时，常从低枝逐渐跃向高枝。鸣声清脆响亮。取食昆虫和无脊椎动物。摄食的昆虫种类繁多，特别是蚂蚁、蜜蜂、黄蜂、苍蝇、甲虫和蜻蜓幼虫及蜘蛛。

雌雄长嘴沼泽鹪鹩交配后，便会开始筑巢，双方一起努力，工作持续五六天。如果是在树丛中的地面上，结构松散，那么 3 天大概可以完成，但在高处的树枝上，时间会多些。

虽然不擅长鸣唱，但这种鸟是天生的建筑学家。看图中可知，其巢异常舒适且坚固，由草和芦苇构成。材料极具韧性，使得巢的稳定性增强。1878 年，在费城附近，我们见到了一个最美的巢。它当时安在一棵柳树上，离地面 15 英尺，是新建好的，呈球形，由蔗草的宽叶构成，结实紧密。

建好巢，再过几天风干，雌鸟便开始产卵，一窝 6—9 枚，日产一枚。孵化的工作先由雌鸟承担，雌鸟感到疲惫时，会召唤伴侣帮忙，自己出去觅食休息。此时的雄鸟尽职尽责，一直守候这些巧克力色的卵。半个月后，幼鸟出世，父母精心呵护，从早到晚为其捕食。再过半个月，它们便欢悦地叽叽喳喳，等待一周后去外面看世界了。它们要学会自己面对生活的危险和考验。

长嘴沼泽鹪鹩的卵为椭圆形，上面有深褐色斑点，长约 0.65 英寸，宽 0.5 英寸。

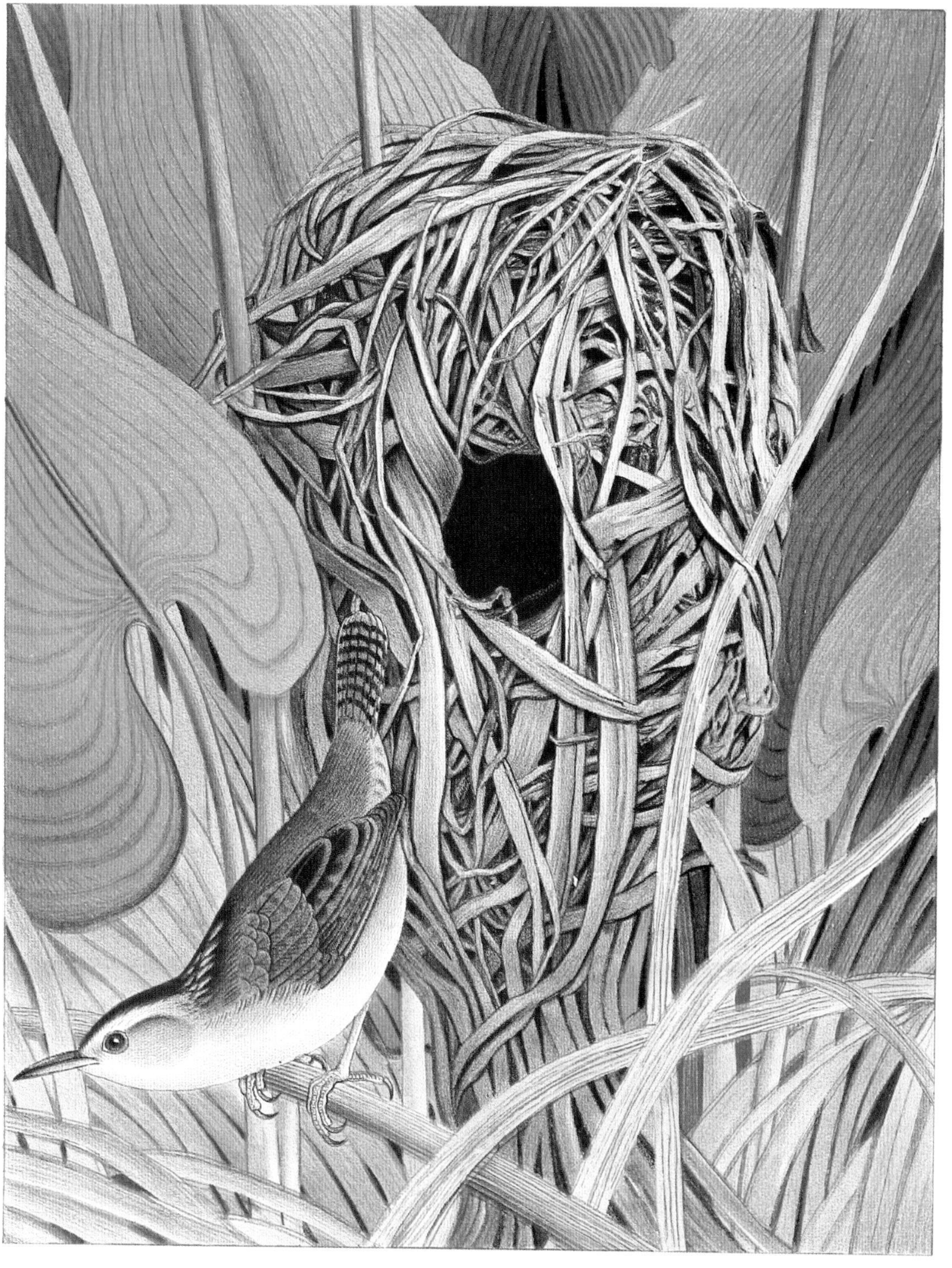

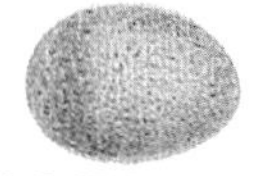

LONG-BILLED MARSH WREN.

黄嘴美洲鹃

这种鸟分布在北美各地，从佛罗里达到加拿大，从大西洋海岸到加州，数量很多。许多专家都对其有过研究。

黄嘴美洲鹃有一条长长的尾巴，上面是棕色，下面是黑色和白色相间，下颌至鸟喙有一个带黄色的黑色弧形。主要以昆虫为食，尤其喜吃鳞翅目幼虫，如松毛虫、树粉蝶幼虫、蛾类等，有时也吃少量植物种子等植物性食物。

作为一种候鸟，它们迁徙时通常雄鸟比雌鸟提前 10 天到达。厌倦了漫无目的的生活，寻找伴侣成为其首要活动。悦耳的鸣唱使其很快能够找到伴侣，双方坠入爱河。从我们将近 20 年的观察得出，它们每年都会相会，是一夫一妻制，除非一方死去。

在筑巢选址上，黄嘴美洲鹃喜欢常青树，但有时也会选择苹果树、浆果丛等其他地方。在选址的同时，雄鸟一直关注雌鸟，寸步不离。纵使天性害羞，此时的它们也表现出异常的气魄。

一旦选好，这对新婚的伴侣便开始筑巢。巢离地面 5—20 英尺不等，结构松散，由小木棍和草编织，持久性不佳。巢里面很浅，外层直径 7 英寸，高 3 英寸，里面宽 4 英寸，深不到 1 英寸。耗时只需两天，双方共同参与。

有了家，雌鸟会和雄鸟一起庆祝这共同的胜利，再过几日便开始产卵。按照惯例，雌鸟每日产卵一枚。由于巢的质量差，很难成为幼鸟安全的家，所以父母会在巢中一起保护孩子。14 天后，这些幼鸟便可出世了。雄鸟在此过程中会为雌鸟觅食，随时等候伴侣的召唤。雌鸟在受到威胁时也会充分发挥母爱，宁愿牺牲自己来保护孩子。

黄嘴美洲鹃的卵是椭圆形，蓝绿色。正常情况下长 1.22 英寸，宽 0.94 英寸，有时根据具体情况会更小，但不会更大。

YELLOW-BILLED CUCKOO.

理查德·克劳塞：火地岛的鸟

作　者

R. Crawshay

理查德·克劳塞

书　名

The Birds of Tierra del Fuego

火地岛的鸟

版本信息

1907 by Bernard Quaritch, London

理查德·克劳塞

理查德·克劳塞，英国博物学家，其作品《火地岛的鸟》于1907年在荷兰莱顿巴泽德成书。作为一名学者，其诗人气质使得书中语言别具风雅。然而，克劳塞的成就绝不局限于遣词造句，本书揭示了他亲身走访火地岛的经历，在世界一隅，他以严谨的科学研究态度考察了当地的地貌地质特征，对气候、植被细致观察，在成书期间，还阅读了大量关于火地岛的历史材料，确保作品内容的丰富和翔实。

作为博物学界的专家，他的观察范围实属广

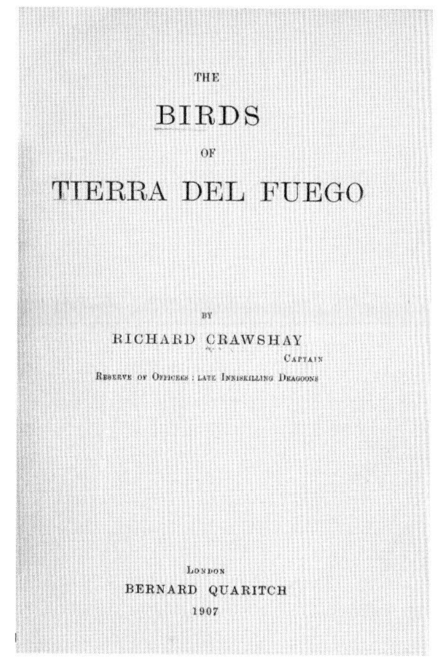
THE

BIRDS

OF

TIERRA DEL FUEGO

BY

RICHARD CRAWSHAY

CAPTAIN

RESERVE OF OFFICERS: LATE INNISKILLING DRAGOONS

LONDON

BERNARD QUARITCH

1907

《火地岛的鸟》扉页

泛，从鸟类、昆虫，到植物，可以说凡是此地存活的物种，都是他的研究对象。克劳塞收集了不少标本，回国后与英国学者们探讨归类，弥补了学界在该领域信息的匮乏。

本次火地岛之行承蒙当地友人帮助，机会乃偶然得之，未料及收获颇丰，大开眼界。但无论如何，没有善于发现的双眼和智慧是无法集结成书的，博物学的发展离不开如克劳塞这样潜心求知的学者，这部作品的价值不可估量。

粗犷、乐观和开明的人们，
来到这里会不虚此行，发现造物之神奇。

火地岛，神秘的土地，连名字都令人神往！

无意中，我了解了地球之神奇。

1904年，我试图前往巴塔哥尼亚，由于天气阻挠无法到达，便从蓬塔阿雷纳斯登陆。无所事事两个月之久，火地岛的旅游探险局局长莫里斯·布劳恩先生邀请我游览一下火地岛，并为我提供行程所需一切设备。

我连夜启程，坐着小艇前往，次日一早靠岸。

对这个岛的初次印象是，古怪而不真实，尤其是刚刚从北半球的夏季至此，冬日的清晨弥漫蓝灰色微光。天、海、沙滩都是灰蒙蒙的，大地灰白，雪山的脊勾勒出黑色的线条，纵横在天地间。在这里，两个最大的海洋相汇，在南美洲的末端，别有一番风景！风浪遒劲，物种繁多，火地岛岩石边聚集大量海草、贝类、大小鲸鱼的尸体、海狮的尸体、树干以及人类活动留下的痕迹，比如船舶、桨橹、梯子、木板和残骸。

海风，海浪，海岸，伴着无数航海家走过了多少岁月，他们的足迹印刻了历史，无人能忘，他们走过的地方讲述了最初的故事，证明了他们的经历。所有到过火地岛的人都为其自然的奇观而赞叹。

1520年10月21日，火地岛的发现者安文思曾说："此岛是全世界最自然理想的土地。"探险家德雷克曾说火地岛彰显了造物主的伟大，而霍金斯认为这里是一个神圣的国度。

就我本人而言，半年的停留，寒往暑来，体会良多。世人对火地岛的误解还很多，比如认为地理环境导致这里寒冷无法居住，或者有人通过名字就认为火地岛炎热难耐，但其实火地岛的得名源自土著人在四周插上的火把。然而，不可否认，这里的气候较北半球同纬度地区还要寒冷恶劣，仲夏时节也是零度左右。巍峨的雪山与冰川带来严酷的寒风，但无法掩盖森林与资源的活力。

1578年，德雷克曾这样描述："火地岛山势高，一些地区到达零界区。那里风力很强，顺风时我们被推送至前方，逆风时则艰辛跋涉。最厉害的是几股不同方向的强风一齐刮来，如飓风般，令行者进退两难，步履维艰，甚至会将人吹进大海。"

早期的航海家从各地至此都要经过漫长的航行，过程之艰辛难以想象。据一位船长介绍，全体船员都要时时警惕，稍有不慎则误入歧途。

约翰·纳保罗爵士曾亲身到过火地岛，据他描述，在岛上人的胃口大开，狐狸等野味都成了羊肉般的美餐，凡是可食用的都可作为餐饭。

对于身体孱弱或养尊处优的人，火地岛确实难以生存。而对那些粗犷、乐观和开明的人，我自信你们来到这里会不虚此行，发现造物之神奇。

在火地岛，人与自然、野性、原始这些特质亲密接触，世界各地很难找到类似这样的土地。达尔文说过："自然的单调作品岩石、冰雪、风、水相互为敌，却团结一致与人类作对，掌握主动权。"大自然在这里为人类揭示了自身的神秘，处处体现出造物主的意旨。

火地岛的地质情况值得研究，据权威学者达尔文所说，北部与南部由第三系岩层构成，边缘是低洼、不规则的宽阔平地，砾石结构，有的呈大块不分层石块，有的由沙石组成。这里可找到冲积层的金矿和褐煤。在圣·塞巴斯蒂安海湾，峭壁由曲线形的岩层组成，其中有沙石和砾石。在岛的内部，黏板岩的山脉绵延千里。在诺斯峰的最高处有长石、沙砾、石英等各种矿石构成的巅峰。到西南边境，黏板岩的变化很大，好似长石一般。而比格尔海峡的西部岩层也不像南部那样为火山岩，而是变为片麻岩和沙砾。达尔文山脉也由三种片岩组成。

总之，复杂的地貌特征造就了物种的多样化与特殊化，低地平原上有沼泽、旷野，和幽深的森林，还有人迹罕至的冰雪世界。在海岸处，多样性更加明显，海洋、岩石、荆棘林、青山和冰川，都孕育了各种生灵。

早期航海家并未对火地岛有确定的描述，哪怕是从海上观察的记录都难以找到。

德雷克曾说："山高入云，堪称奇观。"库克船长在提到火地岛西边的夏季时说："这是我见过的最荒无人烟的海岸，这里不单没有人迹，除了山脉绵延，连植被都少见。内陆的山被积雪覆盖，而海边的则裸露在外。"关于加布里埃尔海峡，有人这样说道："巴克兰山是一座方尖形的山，顶峰像针一样，由积雪覆盖。雪化时节形成上百个瀑布，景象壮观，令人震撼。"

现在，我要说说这里的鸟类。1904 年，我来到这里，观察并收集了鲜为人知的火地岛飞禽，并出版了此书。书中的绘画精致生动，很多鸟是博物学界的新发现。在书中，我引用了其他书籍中的一些信息，又加入了自己的观察所得。约翰·科尔曼斯为它们配上了插画，栩栩如生，其水平可达到古尔德作品的高度。科尔曼斯的绘画有很大的连贯性，在过程中会有细微的改变，他本人极其关注表现作品的细节。

最后，希望读者从世界各地共同鉴赏本书及书中鸟类。尽管有些人终其一生也未必有机会到达火地岛，但这部作品的信息能够为他们带来有限的补偿。

（编译自理查德·克劳塞《火地岛的鸟》一书的前言）

鸶雕（右页图）

据我了解，鸶雕还未被任何探险家介绍过。它们在大西洋沿岸很少见，而在尤斯利斯海湾南部很常见，喜欢成对生活，在距离圣·塞巴斯蒂安内陆 3 英里的岩石上产卵。我曾在大西洋海岸见到一只雄鸟孤独地生活，雌鸟已经被捕杀。这是我唯一一次在此见到鸶雕。

West, Newman imp.

GERANOÄETUS MELANOLEUCUS

值得注意的是我的个人经历和一些探险家的记录有些出入。比如有人说曾见过它们 30 只一群在林中捕食迁徙而来的鸽子，这些鸽子数量庞大，每到特定季节就飞到这里生活。然而，在我的观察中，鵟雕从未捕食过任何鸟类，也没吃过腐肉，而是只吃啮齿目动物。一对鵟雕通常在同一地点栖居，比如峭壁探出的边沿或是树木裸露的枝干。它们安静地凝视远方，神情肃穆。

外形上看，鵟雕无论是休息还是飞行的时候都很像鹰。它们也会空中滑行，翅膀长时间不扇动，也能在地面搜索猎物，从远处互相呼唤。在鸟的世界中，鵟雕没有伤害性，但经常受到卡拉鹰的骚扰。

南鸺鹠

1827 年，探险家金船长在麦哲伦海峡发现了南鸺鹠，他遇到的是一只未成熟的雌鸟，身长 5.8 英寸。1837—1840 年的南极考察中也发现了这种鸟。之后各国的旅行日志中都有相关记录。

在大英博物馆的鸟类名录中，雄性南鸺鹠身长可达 8 英寸，雌性 8.6 英寸。图中这只雌鸟为 7.5 英寸。自鸟类名录出版后，博物馆中南鸺鹠的收藏增加到 30 只，而早前只有 6 只。在这些藏品中，我发现雄鸟最长 7.5 英寸，雌鸟 8.6 英寸。

南鸺鹠在火地岛上比较稀少，当地很少有人注意到它们的存在。有一天我正在观察白冠姬霸鹟，它们平时安静害羞，那天却极其喧闹好动，我近距离去窥视，不明白为何它们在一棵树上待那么久又一直鸣叫，突然在枝丫间，我看到了南鸺鹠。另外还有两次我遇见过南鸺鹠，都是在海岸地区。对其习性尚不知晓，但可以断定它们是森林的居民，安静幽居，不易观察。图中这只重达 3 盎司，包括胃里的一只小松鼠。

灰头岭雀鹀

我初次遇到灰头岭雀鹀是在尤斯利斯海湾，一只雄鸟正在一只野羊头上啄食，被我用枪打中。次日清晨我又发现一只雌鸟，但没有杀死它。我尤其喜爱雌鸟，最终在蓬塔阿雷纳斯的内陆丛林中捕获一只。

据观察，它们喜欢森林，我从未在空旷的地区见过灰头岭雀鹀。它们很有特色，对人友好，常出没在有人烟的地方。

由于性情活泼欢快，很多人将其当作宠物饲养。我曾见过它们在主人家房后的垃圾堆里活动，它们占领此地，甚至不许其他鸟类靠近这里。一次，有一群燕子飞来，被它们赶走。雨天，灰头岭雀鹀会躲在柴火堆里避雨，它们不爱鸣叫，除了起飞的时候。

在森林中，灰头岭雀鹀喜欢歌唱。每一声都比前一声更加高昂。

我所射猎的雌雄二鸟的胃中有草籽和碎石。

West, Newman imp.

CISTOTHORUS PLATENSIS

短嘴沼泽鹪鹩

在大英博物馆中收藏有一系列的沼泽鹪鹩，大多数标本都保存完好，它们来自智利本土、麦哲伦海峡、福克兰（马尔维纳斯）群岛各地。奇怪的是，我个人遇到短嘴沼泽鹪鹩的情况和之前一些学者记录的又有差异。

短嘴沼泽鹪鹩是我在火地岛收藏的第一只鸟，它们在此地并不常见，除了那些宽阔的沼泽地和水间的芦苇地。我只记得在尤斯利斯海湾见到过它们，在圣·塞巴斯蒂安也发现过。短嘴沼泽鹪鹩喜欢隐藏在草间，并不经常飞行。每次飞行二三十码，再次降落在草上，犹如老鼠一样钻进丛中。有时它们会敏捷地飞行，晴天里站在草丛上，像所有其他鹪鹩那样鸣唱。它们在冬季如何生存我尚不知。我捕捉到第一只短嘴沼泽鹪鹩时已是初冬，冰雪已覆盖沼泽，四处有水洼，都接近冰点。但它们的胃中仍有昆虫和草籽。

达尔文说："短嘴沼泽鹪鹩生活在福克兰群岛的低地草丛中，隐藏起来很难发现。我曾找到一只，速前去追踪，来回数里，不得其行迹。"

阿尔伯特船长也在福克兰群岛发现过这种鸟："短嘴沼泽鹪鹩这样弱小的鸟能够在这样气候恶劣的地方生存真是太神奇了，这里风如此大，很容易将其卷走。但凡我想捕捉它们，只需用帽子将其像老鼠般从草上敲下来。目前我还未找到它们的巢。"

探险家邓福德曾在一处有水源的草丛看到过它们，"这些鸟根本不愿离开这里，哪怕是被洪水淹没，它们也只是飞到附近数英尺远的地方，仍试图在草中寄居。它们降落时会潜入草丛，像老鼠一样，钻到最深的地方。短嘴沼泽鹪鹩靠昆虫为食，其中主要有甲虫等鞘翅类生物"。

PHRYGILUS MELANODERUS

黑喉雀鹀

这种鸟的羽毛变化很大，所以很难识别。我个人收藏了一对来自火地岛的黑喉雀鹀，这里进行描述并配上插图，希望对学界有所帮助。

雄性黑喉雀鹀通体灰色；背部和腰部有绿色条纹；翼覆羽亮橄榄黄色，端部发灰；初级飞羽白色，外围淡黄色，端部暗褐色；次级飞羽更深，但边缘白色；中间尾羽绿色，端部灰色；外层羽毛浅黄色，梢白；喉部中间黑色，周围白色条纹至胸部渐黄；胸部淡黄，两侧和肋部灰色。身长6.0英寸，翼长3.6英寸，跗跖0.9英寸，尾长2.45英寸。

雌性通体灰褐色，头顶和背部有很多黑色斑纹；肩羽与背部一致；翼覆羽黄绿色，边沿白色；初级飞羽灰褐色，外边沿浅黄色，至端部发白；尾上覆羽和背部一样；中间尾羽绿褐色，端部变成深褐色；外层尾羽基部浅黄色，其余褐色；颈前和喉两侧有黑纹，喉部发白；胸侧和肋部有黑纹，肋部颜色更深；胸部黄色，腹部和尾下变白，尾下覆羽基部黄色。身长5.6英寸，翼长3.3英寸，跗跖0.9英寸，尾部2.1英寸。

我发现这种鸟在开阔的草地上很常见，常一二十只成群飞行。我从尤斯利斯湾捕获到一对，是我用410手枪射杀的。黑喉雀鹀的颜色和地面很像，一动不动时，只能看出它们的黑色喉部和周围的白纹。它们不爱鸣叫，只在振翅起飞时叫。我找到的三只鸟胃里都有草籽。

达尔文说，黑喉雀鹀在福克兰群岛上数量庞大。阿尔伯特也说过它们无论冬夏，到处都有。据他观察，黑喉雀鹀在9月下旬和10月初产卵，每次在草中筑巢，产卵3枚。冬季，雄鸟羽毛会失去鲜艳的色泽，犹如雌性一般暗淡。

大鸥霸鹟

达尔文在智利中部发现过大鸥霸鹟，这是有记录以来最靠南的区域了。

大英博物馆的藏品中有从智利得来的 8 只标本，还有最近从巴塔哥尼亚北部获得的 10 只。

斯克雷特博士曾测量过它们的身体，记录如下：身长 9.5 英寸，羽翼 5.0 英寸，尾部 4.5 英寸。

我在火地岛也找到了大鸥霸鹟，经测量如下：雄性身长 11.8 英寸，羽翼 5.8 英寸，跗跖 1.55 英寸，尾部 4.9 英寸。雌性身长 11.6 英寸，羽翼 5.5 英寸，跗跖 1.5 英寸，尾部 4.6 英寸。

它们上身橄榄褐色，而非像智利鸟一样呈灰色。据我观察，巴塔哥尼亚北部和火地岛上发现的大鸥霸鹟没有差别，因此属于同类。

雄鸟初级飞羽外侧的尖头非常夺目，但雌雄的颜色差别不大，比如雄性飞羽外围没有雌性那么白；胸部和腹部没有黄棕色羽毛；尾羽外侧的白色发黄。

大鸥霸鹟并不常见，我只遇到过四只。它们安静保守，习性神秘，来去匆匆，经常出没在茂密的灌木丛，我的第二只标本就是在此捕获的。

达尔文并未对其习性做过介绍，只是说大鸥霸鹟性情激烈，会袭击或杀死其他鸟类的幼鸟。说归说，我在它们的胃中只发现了甲虫，但看它们强大的鸟喙和端部的钩形，大鸥霸鹟应该还会有其他食物来源。

$\frac{2}{3}$

West, Newman imp.

AGRIORNIS LIVIDA

West, Newman imp.

PYGARRHICUS ALBIGULARIS

白喉爬树雀

金船长最先发现了白喉爬树雀。达尔文也在智利南部遇到过这种鸟。古尔德曾在书中描绘并为其配画，显然不知道金船长之前的介绍。

白喉爬树雀是我到达火地岛时第一个吸引我注意的森林鸟类。只要在林中待几个小时，就一定能够听到它们在树干上活动的声音。它们活泼敏捷，小巧可爱，似乎一刻不停歇，若是在树上时，它们可能感觉不到树下 30 英尺有人在密切观察自己。之后它们会突然起飞，冲到另一棵树上继续捕食。它们能够准确找到树干上的虫，习性很像鸸。

达尔文记载："白喉爬树雀在智利的森林中很常见，尤其是高耸的树干之间。"它们的行动很像旋木雀。他本人曾在其胃中发现鞘翅类昆虫。白喉爬树雀尤其喜欢幼虫。

暗黑窜鸟

斯克雷特博士曾发现几只头冠处杂有银灰色羽毛的暗黑窜鸟，这是当地鸟类中不常见的。后经另一位学者奥斯特雷特博士研究一系列标本得出结论，那是未成熟的暗黑窜鸟特有的羽毛。然而之后学界又出现过争议，至此我们不排除二者是两种不同的鸟类。

在大英博物馆中有很多收藏，体形很大，平均身长有 4.5 英寸左右。

我有两只成熟的暗黑窜鸟标本，它们通体黑色，但在头顶有四枚银梢的羽毛。经过测量如下：身长 4.0 英寸，羽翼 1.95 英寸，跗跖 0.7 英寸，尾部 1.15 英寸，另一只尾部稍长。

目前记录过福克兰群岛暗黑窜鸟的权威是达尔文，他根据一只未成熟的标本记录了它们的习性："在福克兰群岛上，暗黑窜鸟经常出现在草丛或低矮灌木丛中。它们行动鬼祟，竖起短小的尾巴，在火地岛的树丛中出没。每到边缘，便会轻巧地快速跳跃回去。这种鸟叫声奇怪，声音很大。想要找到好的视角观察它们不容易，并且很难使它们飞翔。"

我自己也曾在森林里见过暗黑窜鸟。在旅行的前两个月，我曾发现过三只，第一次是一对，另外一次是一只。不过我并未击中它们。后来在诺斯山峰的丛林中，我发现了很多这种鸟，但它们活动频繁，颜色灰暗，很难用手枪射杀。不过由于好奇心，它们有时会靠近我，这时我有机会退后几步瞄准，而许多时候它们围绕着我飞来飞去，使我定位起来比较麻烦。这种鸟的活动主要靠脚，翅膀只是一个配件。它们移动极其迅速，在低处活动，有时会被误以为是老鼠经过。

相对如此小的身体，暗黑窜鸟的声音实在洪亮，但并不悦耳，只是简单无规则的重复而已。在两个月的近距离观察中，我发现它们会用声音表达警惕或抗议等情绪。不管怎样，它们是一种神奇的鸟类，靠昆虫为食。

West, Newman imp.

SCYTALOPUS MAGELLANICUS

麦哲伦鸻

金船长曾捕获过一只麦哲伦鸻，但未对其做过文字记载。1853 年，探险家布朗为这种鸟做过唯一的介绍。在英国的藏品中，我相信只有两只，一只是图中所画的这只大英博物馆藏品，另一只在罗斯柴尔德博物馆。遗憾的是之前的绘画和描述未免失真，尤其是色彩上未能还原麦哲伦鸻的真貌。

大英博物馆中的这只性别不明，但测量结果如下：身长 7.5 英寸，羽翼 5.35 英寸，跗跖 0.7 英寸，尾部 2.35 英寸。

根据我个人的测量，这两只标本的规格分别为：

雄鸟身长 8.5 英寸，翼长 5.4 英寸，跗跖 0.8 英寸，尾部 2.55 英寸。

雌鸟身长 8.3 英寸，翼长 5.25 英寸，跗跖 0.75 英寸，尾部 2.5 英寸。

在颜色上，雌雄麦哲伦鸻没有明显差别。它们上体浅灰色；初级飞羽颜色最深，尾部灰黑色；喉部纯白，而非灰白。尾部的横羽卷起，非常特别。

麦哲伦鸻是一种罕见鸟类，半年时间我只看过五对，都是在不同的地方和时间。一次我在圣·塞巴斯蒂安海湾见到一对，它们距离湖边不远，在鹅卵石上活动。其他几次我发现它们经常在内陆湖泊捕食甲虫。2 月，我曾在一个湖边骑马捕猎野鹅时遇到一对幼鸟，它们见我便警惕地躲进岩石隐藏起来，由于颜色和灰色的地面很像，找到它们很困难，哪怕是趁其休息时近距离搜寻，也绝非易事。不过它们的影子经常出卖其位置。麦哲伦鸻跑起来相当快，迅速从地上掠过。飞行时几乎难以用肉眼跟上，它们每次都会飞到很远的地方。

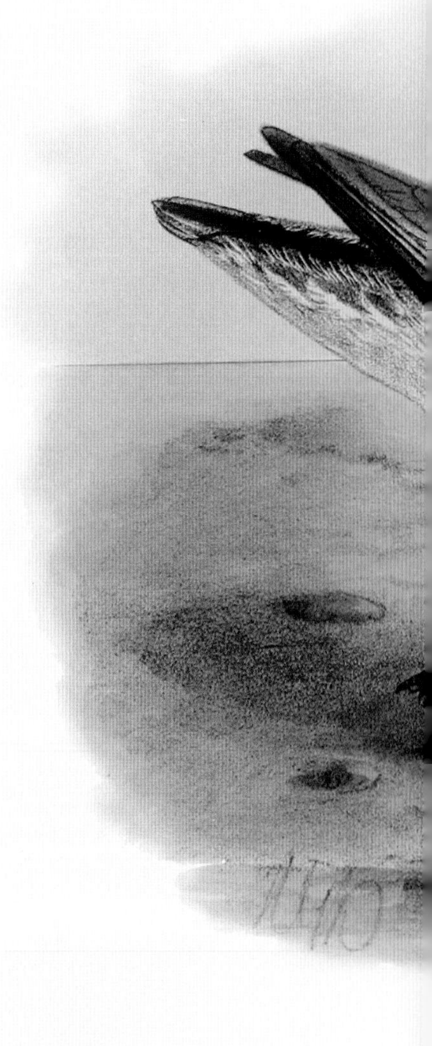

3/4

West, Newman imp.

PLUVIANELLUS SOCIABILIS

白腹籽鹬

这是火地岛上最令我感兴趣的鸟，无论是作为博物学家还是猎人。这种鸟最初是从福克兰群岛发现的。大英博物馆存有8只，有些是从周围其他岛上捕获的。

比起大英博物馆的藏品，我收藏的火地岛标本颜色更黑，红色的部分更浅，体积也更大。在鸟类名录里面记录的测量结果是：身长11英寸，翼长5.9英寸，跗跖0.75英寸，尾部2.1英寸。

我的三只雌性白腹籽鹬测量结果是：

身长：11.5，11.2，10.5

翼长：6.5，6.8，6.8

跗跖：0.8，0.85，0.85

尾部：3.0，2.9，2.9（英寸）

之前的观察者们都认为白腹籽鹬是鹌鹑、松鸡、灰山鹑等一类，后又将其归为鹬属。它们捕猎其他鸟类，外形、行动和习性都符合鹬的标准。

在火地岛，白腹籽鹬猎杀所有陆地鸟类，目前对其描述和记录尚不明确。

达尔文提到过这种鸟，他说："在火地岛南部的山区，这种鸟很常见，它们成群成对地出没在森林里的高山植物中。它们不算野性，在裸露的地面栖息。"

我的观察稍有不同，但我同意他所说的棕腹籽鹬和它们极其相似的事实。除了颜色，这两种鸟确实毫无二致。

在福克兰群岛，阿尔伯特船长曾在海边射杀过一只白腹籽鹬，当时是1859年10月，那是他唯一见过的一只。

在火地岛，白腹籽鹬常在高地的黑色荒野里生活，那里植被稀少，只有一些红莓苔子和细草丛。如果不了解它们的习性和出没地区，是很难找到的。有时我骑马行进几个小时，不过见到两三只而已，它们通常是两只一起，出双入对。

$\frac{2}{3}$

West, Newman imp.

ATTAGIS MALOUINUS

72°
70°
PATAGONIA
Possession Bay
Anegada Pt
C. Orange
Lomas B.
Boxa Pt
Skyring Water
MAGELLAN
St Isidro Pt
Bay of S. Felipe
C. S. Vincent
Elizabeth I.
Pta Zegers
Sta Magdalena I.
Gente Grande Bay
Pta Paula
53°
Norte
Otway Water
Punta Arenas
Sierra del
Cheena Creek Settlement
Useless Bay Settlement
R. San Martin
San Sebastian
Porvenir B.
C. Monmouth
Brunswick Peninsula
C. Boqueron
Useless Bay
R. Marazi
Sierra Carmen
C. Valentin
Port Famine
Maldonado Pt
Rio Mc Clelland Settlement
Rio Chico
SANTA INES ISLAND
Mt Graves
Lomas B.
Gulley Cove
Harriss B.
Nose Pk 2225 FT
Whiteside Chanl
C. Froward
STRAIT OF
DAWSON I.
54°
CLARENCE I.
Wickham I.
Admiralty Sound
Gabriel Channel
Keats Sd
Mt Sherrard
Cockburn Chan.
Melville Sd
Mt Buckland 4000
Ainsworth Harb
L. Deseado
Mt Hope
Mt Sarmiento 7330
Darwin Mount
R. Azopardo
Noir I.
Brecknock Peninsula
Desolate Bay
Burnt I.
Camden Islands
Basket I.
Smoke
Hide
Grande I.
Mt Darwin 7000
Stewart I.
Whaleboat Sd
O'Brien I.
Darwin Sd
Darwin I.
Londonderry
55°
Gordon I.
Dumas
Gilbert Is
C. Wilson
Treble I.
HOSTE I.
C. Alikhoolip
Whittlebury
Hamond I.
Waterman
York Minster
Thomas I.
Emily I.
Hope I.
PACIFIC OCEAN
Morton I.
Henderson
Sanders I.
Ildefonso Is
56°
72°
70° West Longitude

TIERRA DEL FUEGO
Scale of Statute Miles
ATLANTIC OCEAN
C. Virgins
Nombre Head
Pta. Arenas
Sebastian Bay
C.S. Sebastian
Sara Settlement
C. Sunday
Silician Mission
C. Peñas
C.S. Inez
C. Medio
C.S. Paulo
L. Chepelnish
Lake Fagnano
Mt. Corno
Harberton Harbr.
NAVARIN I.
Picton I.
Policarpe Cove
C. St. Vincent
Thetis Bay
C.S. Diego
Table of Orosco
Three Brothers
St. Maurice Cove
Good Success Bay
Mt. Bell
Valentin B.
C. Good Success
Aguirre Bay
Sloggett B.
STATEN ISLAND
New Year Harb.
St. John Harb.
C. St. John
Franklin B.
C.S. Bartholome
York B.
New I.
Lennox I.
C. Caroline
NASSAU BAY
Packsaddle B.
Orange B.
Grévy I.
Bayly I.
Wollaston Islands
Freycinet I.
Barnevelt Is.
P. Maxwell
Deceit I.
Cape Deceit
Deceit Rocks
HERMITE I.
Horn I.
Cape Horn
South Latitude
STANFORD'S GEOGRAPHICAL ESTABLISHMENT, LONDON.

火地岛地图

图书在版编目(CIP)数据

发现最美的鸟/(英)凯茨比等著;童孝华等译.—北京:商务印书馆,2016(2016.11重印)
(博物之旅)
ISBN 978-7-100-11817-0

Ⅰ.①发… Ⅱ.①凯…②童… Ⅲ.①鸟类—普及读物 Ⅳ.①Q959.7-49

中国版本图书馆CIP数据核字(2015)第284912号

发现最美的鸟
〔英〕凯茨比等 著
童孝华等 译

商务印书馆出版
(北京王府井大街36号 邮政编码100710)
商务印书馆发行
北京新华印刷有限公司印刷
ISBN 978-7-100-11817-0

2016年2月第1版 开本787×1092 1/16
2016年11月北京第3次印刷 印张22½
定价:98.00元